図解 思わずだれかに話したくなる

身近にあふれる「危険な生物」が3時間でわかる本

著者 西海太介

はじめに

　危険生物対策は、趣味か仕事かに関係なく、アウトドア活動で意識しておきたい大切なリスクマネジメントのひとつです。
　キャンプや釣り、登山などのレジャーで出かければ、危険生物に出遭う可能性はいくらでもあります。誰かを外に連れていく立場で仕事をする教員や自然ガイド、スポーツインストラクターなどであれば、そのリスクは怪我だけでなく、ときに社会的な責任も問われる事故につながりかねない、とても大切な安全管理のひとつです。

　しかし、現実にはどうでしょう。実際は、こうした危険生物対策として広まる一般的な理解の中には、都市伝説ともいえるような曖昧な対策が根づいているケースも珍しくはありません。
　生物学は科学の一分野。感覚的でなく、科学的な根拠に基づいた考え方や対策をとる必要があります。

　人は、良くも悪くも感覚や感情に左右されることの多い生物です。恐ろしい危険な生物に対し、「殺人バチ」や「獰猛なヘビ」などの表現がされることがありますが、ハチは人を殺すために生きているわけではありませんし、ヘビも獰猛に人を襲うことを好む動物ではありません。
　生物にとって戦うことは「エネルギーを消費するもの」であり、「ダメージを負う可能性のある危険な行為」です。仮にその一戦に勝つことができても、ダメージを負えば、その後の生存戦略に

おいて不利になる可能性があります。
　そのため、基本的には争わない「逃げる」行動を選択したほうが、さまざまなリスクを避ける有効な戦略であることが多いのです。

　こうした性質から、危険生物による事故が起こるのには、それなりの理由があると考えることができます。

『現象には必ず理由がある』
『原理がわかれば応用できる』

　私たち人は、事故が起こる原理となる「彼らの生態や習性」を、こうした本や論文の文字を通して学ぶことができる生物です。
　そして、その原理の情報をもとに、人は応用して対策を考えることができます。

　感覚的に物事をとらえることも大切ですが、危険生物の事故予防や応急処置の概念においては、科学的な視点で見ることが重要です。

　とはいいつつも、今、こうした危険生物への対策が、すべて科学的に証明されているわけでもありません。今でもまだわからず、「こうするといい傾向があるから、とりあえずこの対策をしておこう」というものも少なくありません。

　しかし根本的に、「知っている」のと「知らない」のとでは、「対

処できる・できない」に大きく影響します。避けられるはずの事故を避けられるかどうか、事故が起こったときに対処ができるかどうかは、大きな差です。

　本書では、そんな、あなたの安全を守ることになるかもしれない危険生物の知識を集約しました。この中には、「本当に注目してほしい危険生物」もいれば、むしろ「なぜ世の中で危険生物枠に入れられているんだ？」というものまで、幅広く紹介しています。

　「世の中で危険生物として名はあがるけど、実際はあまり被害が起こらないんだ⁉」、そんな情報も併せて知っていただけたらと思います。

　第1章からでも、知りたい生物のページからでも、どこから読んでいただいても構いません。

『知ることは最初の事故予防』

危険生物の深い世界を、どうぞ……お楽しみください！

西海 太介

図解 身近にあふれる「危険な生物」が3時間でわかる本　目次

はじめに ……………………………………………………………… 003

第1章　日本で最も死者を出す有毒生物『ハチ』

01　庭木の中に巣をつくられることもある『アシナガバチ』…… 015

02　生ゴミも利用!?　都市に適応した『スズメバチ』………… 018

03　巣が見えないから気をつけたい山にいる2種の『スズメバチ』 022

04　おとなしくても刺す針を持つ『ミツバチ』………………… 025

05　"もふもふ"したぬいぐるみのような『マルハナバチ』……… 028

06　胸が黄色のビッグボディ『キムネクマバチ』……………… 032

07　ハチ類刺傷の応急処置と重篤な全身症状
　　「アナフィラキシーショック」……………………………… 036

第2章　危険な爬虫類の代表『ヘビ』

08　ストレスを溜めやすいナイーブなヘビたち ・・・・・・・・・・・・・・・・・・・・ 043

09　日本で最も被害数の多い毒ヘビ『マムシ』・・・・・・・・・・・・・・・・・・・・ 047

10　おとなしくても毒は強烈『ヤマカガシ』・・・・・・・・・・・・・・・・・・・・ 049

11　沖縄の代表的な毒ヘビ『ハブ』・・・・・・・・・・・・・・・・・・・・・・・・・・・・ 051

12　ヘビ咬症の応急処置 ・・・・・・・・・・・・・・・・・・・・・・・・・・・・・・・・・・・・・ 053

第3章　悩まされることの多い危険生物

13　電気が走ったような痛みに襲われる『イラガ』・・・・・・・・・・・・・ 057

14　触ってないのに被害を受ける『チャドクガ』・・・・・・・・・・・・・・・ 060

15　枝によく似た隠れた危険生物『マツカレハ』・・・・・・・・・・・・・・・ 064

16　毛虫に刺されたときの応急処置 ・・・・・・・・・・・・・・・・・・・・・・・・・ 066

17	刺してくるアブの代表格『ブユ』	068
18	身近な吸血生物『ヒトスジシマカ』	072
19	大型の吸血アブ『ウシアブ』	076

第4章　口で刺す・咬む危険生物

20	在来の日本代表毒グモ『カバキコマチグモ』	081
21	代表的な危険なムカデ『トビズムカデ』	083
22	吸血ヒルの代表種『ヤマビル』	086
23	感染症媒介者『マダニ』	089

第5章　触ってはいけない体液が危険な生物

| 24 | 暗殺に用いられたともされる毒虫『マメハンミョウ』 | 097 |
| 25 | 青とオレンジのツートンカラー『アオカミキリモドキ』 | 100 |

26　青光りするアリのような虫『ツチハンミョウ』……………… 103

27　アリのような小さなコウチュウ『アオバアリガタハネカクシ』 105

28　100℃の強烈なオナラ（?）を放つ『ミイデラゴミムシ』… 108

第6章　出遭いたくない危険な哺乳類

29　日本の危険哺乳類の代表『クマ』………………………… 116

30　産業被害が中心『イノシシ』……………………………… 120

31　人と同じ霊長類『ニホンザル』…………………………… 123

第7章　海・水辺に潜む危険生物

32　海の危険生物事故のトップを誇る『クラゲ』…………… 131

33　海の危険魚類代表『ゴンズイ』…………………………… 135

34　強い毒を持つ海の危険生物『ヒョウモンダコ』………… 137

35 コブラ科の猛毒ヘビ『ウミヘビ』……………… 139

36 危険生物と呼ばなくても……『アマガエル』……………… 141

37 日本のカエル毒では最強⁉ 『ヒキガエル』……………… 143

38 ペットとしても人気『アカハライモリ』……………… 145

第8章　外国から入ってきた危険生物

39 貿易で侵入する赤いアリ『ヒアリ』……………… 151

40 農業を支えた外来種『セイヨウオオマルハナバチ』……… 155

41 韓国から侵入した外来種『ツマアカスズメバチ』………… 158

42 黒と白の怪しいカラー『ヨコヅナサシガメ』……………… 160

43 オーストラリアから侵入した毒グモ『セアカゴケグモ』…… 164

44 アメリカから移入されたペットのカメ『カミツキガメ』……… 166

45　もともとは食用のカタツムリ『アフリカマイマイ』……………168

46　かつてはペットとして大流行『アライグマ』……………170

第9章　食べたり触ったりすると危険な植物

47　たわわな果実の誘惑『ヨウシュヤマゴボウ』……………178

48　可憐な白い毒の花『アセビ』……………180

49　鮮やかに咲く平和の花『キョウチクトウ』……………184

50　墓場を彩る不吉な花『ヒガンバナ』……………186

51　孤高の樹木『イチョウ』……………188

52　美しい紅葉に要注意『ツタウルシ』……………191

53　世界最強の有毒植物『トリカブト』……………195

54　蕁麻疹(じんましん)にイライラ『イラクサ』……………198

おわりに ………………………………………………………… 201
参考文献 ………………………………………………………… 203

○ カバーデザイン・イラスト　末吉 喜美
○ イラスト　コテラ メグミ

第1章
日本で最も死者を出す有毒生物『ハチ』

誰しもが知る危険生物であるハチの仲間は、厚生労働省がまとめる人口動態統計によると、「日本における有毒生物による死亡件数」の第1位です。
　毎年20人ほどの死者が出ており、ほかの有毒生物による死亡者数と比べると、圧倒的に多い存在です。
　1970年代と比較して件数こそ少なくなってきたものの、順位は不動の1位をキープしています。

　こうした状況を見る限り、危険生物の対策は、ハチからはじめるのがいいと思います。ハチは、都市でも山でも最も出遭いやすく、また集団で生活をするため、誤って巣を刺激してしまった際に大きな被害を受ける可能性もあります。

　しかし、ハチといってもそのすべてが危険なわけではなく、刺される可能性のあるハチは一部に限られます。
　最も刺されるリスクが高いのは、スズメバチやアシナガバチなどの家族をつくって生活する「真社会性」の性質を持つハチの仲間です。
　ここでは、こうした真社会性のハチを中心に、そのほかに知っておきたいハチの仲間を紹介します。
　どんな種類がいて、どのように対処をしたらいいのか。日本一リスクの高い危険生物「ハチ」について、情報をおさえてください。

第1章　日本で最も死者を出す有毒生物『ハチ』

01 庭木の中に巣をつくられることもある『アシナガバチ』

◇ 分　類：昆虫（ハチ目スズメバチ上科スズメバチ科）
◇ 分　布：日本全国
◇ 大きさ：11mm～26mm程度

　ハチは危険生物の代表格。アシナガバチも、その名を聞いたことのない方はほとんどいないであろう超代表種です。

　漢字で書くと「足長蜂・脚長蜂」ですが、**実際はスズメバチと比較して足が特別長いわけでもなく、足を垂らして飛ぶため、長く見えます。**

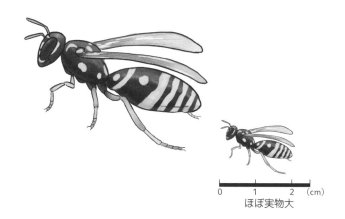

ほぼ実物大

◎ 巣の形でわかる"アシナガバチ"と"スズメバチ"

　アシナガバチとスズメバチは分類上近い仲間で、どちらもスズメバチ科に含まれる昆虫です。

015

基本的な生活スタイルは肉食性ですが、狩りをして肉団子にした昆虫を自分で食べることはなく、持って帰って巣の幼虫に与えています。成虫は、幼虫が吐き出してくれる栄養液を飲んで生活しています。これはスズメバチも同様です。この栄養液は脂肪の燃焼効率をよくし、エネルギーを効果的につくり出すことができるということで、「VAAM（Vespa Amino Acid Mixture）」(スズメバチ由来のアミノ酸混合物)（株式会社 明治）の名前で商品化もされています。

　彼らは、このような幼虫が与えてくれる栄養液があるから生きていけます。そのため、彼らにとって、巣はなくてはならない大切な存在です。

　一部例外もありますが、**基本的にはアシナガバチは「六角形の巣穴がむき出しで、それを取り囲む壁をつくらない構造」の巣をつくり、スズメバチは「周りに壁をつくり、六角形の巣穴が外からは見えない構造」の巣をつくります。**

　どちらも雨風をしのげるような軒下や、庭木の中、戸袋の中などにつくります。だいたい4月中旬から5月中旬頃に巣づくりがはじまるので、この頃から活動中の巣がないかどうかチェックしておくといいでしょう。

アシナガバチの巣　　　　　スズメバチの巣

◎ 駆除は本当に必要か？

住宅街に多いフタモンアシナガバチや、葉っぱの裏に巣をつくるホソアシナガバチなど、日本に生息するアシナガバチの仲間は11種いるとされています。基本的にはスズメバチよりも小型な種類が多いですが、中にはセグロアシナガバチのように比較的大型な種類もいます。

アシナガバチはスズメバチよりも比較的おとなしい性格のため、**近づいただけで攻撃してくることは少なく、「巣や、巣がついた枝などを刺激してしまって刺された」というケースがほとんど**です。

近年では優れた殺虫剤も多く、規模の小さなアシナガバチの巣の駆除は比較的簡単にできてしまうことも多いため油断しがちです。しかし、危険な行為であることに変わりありません。

巣の駆除は、まとまって刺される可能性があるため、「大丈夫大丈夫！俺に任せろ！」の勢いで慣れない作業をするのは大変危険です。もし自ら行う場合は、しっかりと刺されない対策をとった上で実施するようにしてください。

高い屋根の下など、巣が遠く、誤って刺激してしまうようなことがない場所であれば、被害はほとんど出ないので放っておいても問題ありません。無理して駆除を行うほうが危ないです。むしろ、むやみな駆除をすると、ハチ同士での競争がなくなってしまうので、特定の強い群れをつくり出す原因になるとも考えられています。

02 生ゴミも利用!? 都市に適応した『スズメバチ』

【キイロスズメバチのプロフィール】
◇ 分　類：昆虫（ハチ目スズメバチ上科スズメバチ科）
◇ 分　布：北海道 本州 四国 九州
（※北海道は近縁種のエゾキイロスズメバチが生息）
◇ 大きさ：20mm 〜 26mm 程度

【コガタスズメバチのプロフィール】
◇ 分　類：昆虫（ハチ目スズメバチ上科スズメバチ科）
◇ 分　布：日本全国
（※沖縄は近縁種のリュウキュウコガタスズメバチが生息）
◇ 大きさ：21mm 〜 29mm 程度

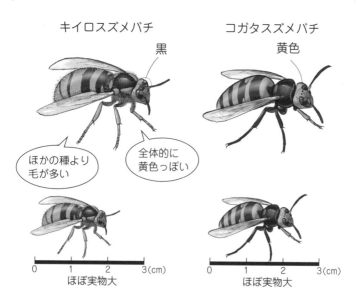

日本国内の有毒生物で、最も死亡者を出しているハチの仲間。その中でも、特に危険なのがスズメバチの仲間です。
　都市部や住宅街には、主に「キイロスズメバチ」や「コガタスズメバチ」が生息しています。中でもキイロスズメバチは生ゴミをエサとして利用することもでき、食べ物も住み家も整った都市部は生活しやすい環境のようです。

◎ ハチ対策はスズメバチから

　スズメバチは、スズメバチ科に含まれるハチの中からアシナガバチを除いたものの総称で、日本では約17種が知られています。
　一般的にほかのハチ類よりも攻撃性が高い上に体も大きく、毒量も多いため、私たちが刺されたときのダメージは大きくなる傾向があります。**彼らが持つ毒は、「毒のカクテル」と称されるほど、さまざまな成分がブレンドされており、私たち哺乳類に対して、効果的にダメージを与えられるようにつくられていると考えられています。**

　スズメバチは山地、里山、都市公園、住宅地など、さまざまな場所に生息しています。都市部で見られるのは、主にキイロスズメバチとコガタスズメバチの2種類で、民家の軒下や戸袋の中、庭木の中などを利用して、生活をしています。
　小さな巣でも50匹、大きな巣なら1,000匹以上の働きバチが住んでおり、身近で最も被害に遭いやすい危険生物のひとつといえるでしょう。

本章の冒頭でも紹介しましたが、国内の有毒生物による死亡者数のうち、第1位となっているのはハチの仲間です。この中でもほとんどがスズメバチによる死亡者であるため、彼らの生態・習性をしっかりと知っておくことは大切な事故予防になります。

　死亡事故が起こりやすいのは林業などの山間部で働く方ではありますが、街中でも出遭う可能性が高いため、スズメバチについての対策は誰しもが知っておきたい項目といえます。

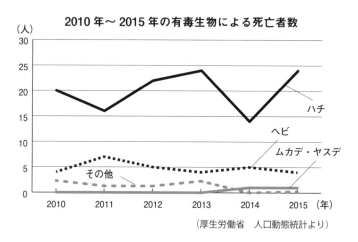

（厚生労働省　人口動態統計より）

◎ 黒が刺されやすいのは本当なのか？

　「ハチは黒いところを攻撃する」とよくいいますが、これ自体は間違いなく、実際にある性質です。ただし黒色に怒っているのではなく、「怒ったときに黒を優先的に攻撃」しているのです。つまり、「黒くても怒らせなければ刺されない」ということです。

　ハチの対策において最も大切なのは、巣を刺激したり、周りでうろうろしたり、大きな動きをしたりといった、ハチを刺激する

行動をとらないことです。

ハチはフェロモンというニオイ物質を利用して情報交換を行う生物なので、ニオイに対してとても敏感です。**お酒臭かったり、香水の香りをプンプンさせていたりするのは、ハチを刺激する原因になります。**こうしたニオイに気を遣うのも、大切なハチ対策です。

話は戻りますが、黒色に対して敏感な性質の理由を皆さんは聞いたことありますか？

よく一般的には、「天敵がクマだから、その色である黒に敏感に反応しやすくなっている」なんていわれます。これも一理あるかもしれません。

しかし、もうひとつの天敵のためだ、とも考えられています。その天敵とは、私たちヒトという生物です。

今でこそ、スーパーで簡単に食材が手に入る世の中になりましたが、昔はそうではありませんでした。山で採れるハチノコは、大切な食材のひとつだったのです。スズメバチは世界的にはアジア圏を中心に分布する種類であるため、こうしたかかわりの中で**黒髪や黒目のアジア人に対して、反応しやすい性質を獲得したとも考えられています。**

私たちがスズメバチに悩まされるのは、もしかしたら宿命なのかもしれません。

03 巣が見えないから気をつけたい 山にいる2種の『スズメバチ』

【オオスズメバチのプロフィール】
◇ 分　類：昆虫（ハチ目スズメバチ上科スズメバチ科）
◇ 分　布：北海道 本州 四国 九州
◇ 大きさ：26mm～44mm 程度

【クロスズメバチのプロフィール】
◇ 分　類：昆虫（ハチ目スズメバチ上科スズメバチ科）
◇ 分　布：北海道 本州 四国 九州
◇ 大きさ：10mm～15mm 程度

　野山や緑地帯に生息するスズメバチには、スズメバチ界で世界最大の「オオスズメバチ」や、黒くて小さな「クロスズメバチ」などがいます。山でお弁当を食べていたら飛んできた……なんてことも。山は彼らの住み家であることを理解し、対策をとることが大切です。

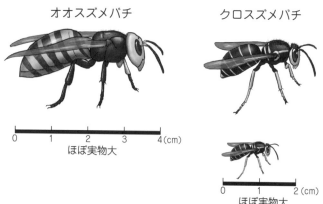

オオスズメバチ　　　　クロスズメバチ
ほぼ実物大　　　　　　ほぼ実物大

◎ 街のハチとは違った予防策を

日本に生息する約17種のスズメバチのうち、最も大きいのはオオスズメバチです。オオスズメバチは、スズメバチ界の世界最大種で、女王バチの大きさは5cm近くにもなります。飛んでいるだけで、とても大きく迫力があるスズメバチです。

逆に小さなスズメバチも存在します。黒くて小さなクロスズメバチは、大きくても体長1.5cmほど。**ハエと大して変わらないような見た目のため、ハチであると認識されにくく、それが原因で刺される事故につながることもあります。**

厄介なことに、このオオスズメバチやクロスズメバチは、木の洞や地中などの隠れたところに巣をつくる傾向があり、外から巣を見つけ出すのが大変困難です。

山地や里山、都市緑地などでは、こうした隠れたスズメバチの巣が存在しやすいことから、「気がついたら巣を刺激していて大量のスズメバチに襲われた」といった事故につながることもあるのです。従って、街中のスズメバチとはまた違った予防策が求められます。

◎ 傾向を知って事故予防

見えない巣への対策はなかなか大変ですが、有効な手段のひとつは、「登山道や林道から外れないこと」です。

ハチ側も、なるべく人とのトラブルを避けたいので、登山道などの人が多く通るところではなく、道から外れた茂みの奥に巣をつくるほうが、彼らにとっても安全です。

ハチにも慣れがあるため、いつも人が歩いている道沿いに営巣したハチは、人の振動に対して慣れが生じ、少しくらいの刺激では気にしない場合もあります。

　しかし、**道を外れた奥には、人との接触に慣れていないハチの巣が見えない場所に存在する可能性があり、刺傷事故のリスクが高まる傾向があると考えられます。**

　また、山にいるスズメバチは地中に巣をつくるものだけではありません。02項で紹介した街中にも暮らすキイロスズメバチもいます。キイロスズメバチは、あずま屋やトイレなどの屋根の裏を利用することがあり、登山道上で巣を発見する場合もあります。

　どんなところに、どんな可能性があるのか、これを知っておくだけで、事故を防ぎやすくなります。

　山の場合は、救急車を呼んでもすぐに来られる場所とは限りません。そのため、万が一刺された場合は、症状を観察し、最善の対応を選択する必要があります。

　重篤な症状が出ていないので登山を継続するのか、出る恐れがあるから救助してもらいやすい位置に移動するのか、または下山するのか……。

　現在地をしっかりと把握しておくことは、こうした危険生物の被害を受けた際に対応をスムーズにするためにも、重要な要素です（応急処置は36〜39ページで紹介しています）。

04 おとなしくても刺す針を持つ『ミツバチ』

◇ 分　類：昆虫（ハチ目ハナバチ上科ミツバチ科）
◇ 分　布：日本全国
◇ 大きさ：10mm 〜 19mm 程度

　ミツバチはアニメや商品のキャラクターとして親しまれるほか、ハチミツをつくってくれることで知られるハナバチの仲間です。世界で9種が知られていますが、そのうちのひとつであるセイヨウミツバチは、ハチミツなどを得る目的などで我が国でも広く利用されています。

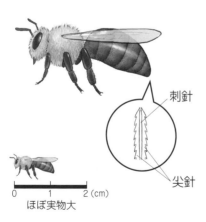

ミツバチは針が取れてしまったら死んでしまう

人を刺すと針と内臓（毒のう）が皮膚に残ってしまう

刺針
尖針
ほぼ実物大

◎ **食卓に欠かせない大切なハチ**

日本にはセイヨウミツバチとニホンミツバチが生息しています。ニホンミツバチは、中国や韓国などの大陸側でも生息しているトウヨウミツバチの日本亜種（日本のみに生息）とされています。

ミツバチは、その名の通り"蜜をつくる蜂"であり、私たちの生活にもつながる昆虫として古くから親しまれています。

しかし実際には、ハチミツをつくるだけでなく、イチゴなどの農産物の花粉を運ぶ送粉者としても活躍しており、**ミツバチを含むハナバチがいなくなると私たちの食卓には大きな影響が出るといわれています。**私たちにとって、なくてはならない大切な存在です。

ただし、一方でハチの仲間ですから、針を持っており、私たちとの間で事故につながることもあります。おとなしいハチなので、そうそう刺してはきませんが、刺すこともできる虫です。

◎ **ハチの針の構造**

針と聞くと、予防接種などに使用される注射針のような構造を想像しますが、ハチの針はそれとはまったく異なった構造をしています。

ハチの針は、「"2本のナイフ"と"1本の縦に割ったパイプ"が3つ束になったような構造」をしています。専門用語では、この縦に割ったパイプにあたるものを刺針と呼び、2本のナイフにあたるものは尖針と呼びます。

毒は、この３本が合わさってできた間の空洞を流れて注入される仕組みです。

スズメバチやミツバチなどは、そんな構造の針を、お尻の中に収納させています。

パイプ状の刺針の先にはセンサーがついていて、そのセンサーが相手に触れると、"２本のナイフ（尖針）"が前後へ交互に動きます。

ハチに刺されるという現象は、"２本のナイフ（尖針）"が交互に前後へ動くことで、触れた場所の皮膚を切り裂き、どんどん中へ突き刺さっていくということなのです。考えると、いかにも痛そうですね。

ミツバチの場合はまた特殊で、この"ナイフ（尖針）"に釣り針状の返しがついており、相手の体に刺さると抜けなくなるようになっています。その結果、**「ミツバチに刺されると傷口に針が残り、ハチ本人だけ飛んでいく」**という現象が起こるのです。

針の根元には、毒が入った内臓"毒のう"がついているので、放っておくと勝手に毒が注入されます。そのため、ミツバチに刺されたあとは、傷口に残された針を素早く取ることが大切です。

ちなみに一度刺して針と毒のうが取れたミツバチは死んでしまいます。ミツバチにとって攻撃の成功は、その個体の死を意味しています。

05 "もふもふ"したぬいぐるみのような『マルハナバチ』

◇ 分　類：昆虫（ハチ目ハナバチ上科ミツバチ科）
◇ 分　布：北海道 本州 四国 九州
◇ 大きさ：14mm〜22mm 程度

　家族をつくって大きな巣で暮らすタイプの「真社会性」のハチは、スズメバチ、アシナガバチ、ミツバチと、マルハナバチです。大きな巣をつくる真社会性のハチは、主に巣を守るために刺す行動をとります。マルハナバチも同様ですが、スズメバチなどに比べると事故はほとんど起こらない存在です。

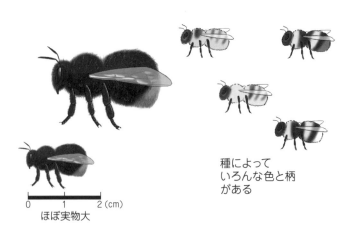

ほぼ実物大

種によって
いろんな色と柄
がある

◎ 農業上なくてはならないハチ

マルハナバチは、日本で16種が知られるハナバチの仲間です。

黒くて"もふもふ"したコマルハナバチなどが身近ですが、全身がまるでぬいぐるみのようになっており、大変かわいらしいハチです。

蜜を貯蔵しますが、人が利用するようなハチミツはつくりません。しかし、農業現場においては、ナスやトマトなどの花粉を運ぶ送粉者として活躍しており、私たちの食を支えています。ミツバチと同じく、私たちの暮らしに、なくてはならない大切なハチです。

スズメバチと比較すればおとなしい種類なので、つかんだり触ったりしなければ、刺される被害はほとんどありません。 しかし、針を持つハチのひとつとして知っておくといいでしょう。

◎ よく見られるのは5～10月頃

冬を除いて一年中活動しているハチではありますが、一般的に私たちが遭遇しやすいのは5月のツツジが咲く頃でしょう。春が訪れ、GWを迎える頃、街中の公園や道路沿いで「ヒラドツツジ（オオムラサキ）」や「サツキ」などのツツジの仲間が咲き誇ります。こうしたツツジ類は、街路樹として利用されているので、見かけることが多い花のひとつです。

こうしたツツジの花を見ていると、黒くて"もふもふ"したハチが飛んでいるのを目撃することがあります。これはマルハナバチの一種であるコマルハナバチの女王です。

働きバチは女王よりも小柄で、トマトやナス、ピーマンなどの

農作物を庭やベランダで育てていると、やってくることもあります。

中には、同じように"もふもふ"した黄色いタイプを見つけることがありますが、これはコマルハナバチのオスバチです。
ハチの針は産卵管が変化したものなので、オスは針を持っておらず、刺すことがありません。そのため、地域によっては「ライポン」の愛称で親しまれ、子どもの遊び相手になっているところもあるようです。

ただし、マルハナバチの中には同じようなオレンジ色をしたトラマルハナバチという種類もいます。この種類は、オスもメスも同じ色なので、色で判断するのは困難です。トラマルハナバチのメスは、もちろん針を持っています。間違えてつかむと刺されますので、注意してください。

◎ ハチの巣型でないハチの巣

マルハナバチの巣は、一般的にはあまり見つかることはありません。

アシナガバチやスズメバチとは異なり、地中や、使っていない鳥の巣箱を利用したりして営巣します。巣の形もハチを連想させる六角形ではなく、まるで**ボールプールのような丸い球状のものがいくつもくっついているような巣をつくります。**このボール状のものの中で、幼虫やサナギは育っていくのです。

おとなしいハチですから「マルハナバチの巣の駆除が必要……」、なんていう事態はそう起こりません。基本的には花に飛

んできているタイミングでつかんだり触ったりすることがなければ、刺されることはないでしょう。

　かわいいハチですので、ぜひそっと観察してみてください。"もふもふ"の体に花粉をつけてがんばる姿は、なかなかかわいらしいですよ。

マルハナバチの巣

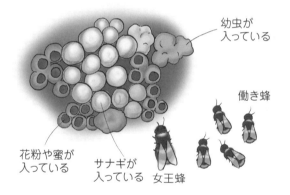

06 胸が黄色のビッグボディ『キムネクマバチ』

◇ 分　類：昆虫（ハチ目ハナバチ上科ミツバチ科）
◇ 分　布：北海道 本州 四国 九州
◇ 大きさ：20mm 〜 22mm 程度

　地域によってはスズメバチのことを"クマバチ"や"クマンバチ"と表現することがありますが、ここで紹介するのはスズメバチではなく「クマバチ」というハチの一種であるキムネクマバチです。

大きな音で飛んでいるけどおとなしい性格

ぶ〜ん！

ほぼ実物大

◎ **迫力はあるがおとなしいハチ**

　クマバチは、ミツバチやマルハナバチと同じ、花粉や蜜を利用するハナバチの仲間です。

032

大きな体をしているため迫力があり、恐れられることもたびたびありますが、実際は性質もおとなしく、人を刺してくることはほとんどありません。

前項で紹介したコマルハナバチは「体が黒く、お尻が黄色い」ですが、北海道から屋久島にかけて見られるキムネクマバチは反対で「胸部が黄色く、腹が黒い」ハチです。こうした見た目からキムネクマバチと名づけられています。

◎ ドローンのごとくホバリング

クマバチは5月頃に咲くフジの花を利用することも多いため、公園や緑地帯に設置された藤棚などに訪れている様子を観察することができます。

この頃のクマバチは、空中でドローンのごとくホバリングしている様子が目立ちます。一般的には、こうしたシチュエーションを見たことのある方が多いでしょう。

このように飛んでいるクマバチは、オスのハチです。オスバチはこのように飛んで自分の縄張りを守る習性があり、**同じような大きさの近づくものにタックルして威嚇することがあります。**

もしも周りが広くて安全なら、小さな小枝の破片のようなものを投げてみてください。

クマバチと同じようなサイズだと、敵だと思ってタックルするように追いかける様子を観察することができます（もちろん周りの物や人にぶつけないように実験してくださいね）。

◎ 顔でわかるオスとメス

私たちの顔が男性と女性で違う傾向があるように、クマバチにも男顔と女顔があります。**クマバチの顔を真正面から見たとき、人でいうところの鼻のような位置の色が黄色ければオス、黒ければメスです。**

ハチの針は、もともと産卵管という卵を産む管が変化してできたため、卵を産まないオスには針がなく、メスだけが針を持ちます。

そのため、オスをつかんだとしても刺されることはありませんが（あくまでも刺されないだけで、咬まれる可能性はあります）、メスの場合はつかんだら刺されます。これは、クマバチだけでなく、ミツバチやスズメバチでも同じです。

ただし、飛んでいるハチを瞬時に見分けるには慣れが必要なので、やはり一般的には触らないようにすることが、一番の事故予防となるでしょう。

クマバチは大変おとなしいハチなので、つかんだりしなければ刺されることはありません。

オスとメスで顔が違う

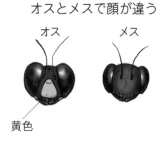

◎ **巣は、枯れた木の中などにつくる**

クマバチの巣は、スズメバチやアシナガバチとはまったく異なる構造と使い方をしています。

そもそも、**スズメバチのような大家族になる巣はつくらず、子どもと一緒に同居することもありません。**

よって、真社会性ハチ類のような女王バチや働きバチといった階級も存在していません。皆それぞれが一匹狼です。

巣は、枯れ木やあずま屋の柱などを利用しています。穴をあけ、中には卵と花粉団子が置いてあります。

山間のあずま屋の柱をよく観察してみると、1cm程度の穴がぽっかり空いた場所が見つかることがあります。これがクマバチの巣です。置きエサのようなかたちで子どもを育てており、スズメバチのように皆で共同し、集団で巣の防衛を行うことはありません。そのため、近づいたときにスズメバチのように集団で襲われるというようなことは起こらず、事故は起こりにくいハチといえます。

キムネクマバチの巣

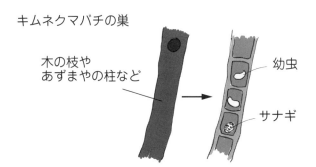

07 ハチ類刺傷の応急処置と重篤な全身症状「アナフィラキシーショック」

ハチによる事故は毎年起きています。あなたの身の回りでもハチはよく見かけるはず。万が一ハチに刺されたときのために応急処置と症状を覚えておきましょう。

◎ ハチ類の応急処置は、流水で傷口を絞り洗い

〈応急処置の手順〉

1. 刺傷事故が発生！ 巣が近い場合はすぐに移動して逃げる
2. 流水で傷口を絞り洗い
3. 抗ヒスタミン軟膏の塗布
4. 冷却後、様子を見て必要に応じて病院へ

ハチによる刺傷事故の応急処置は、流水での絞り洗いを行うなど、体内に侵入した毒の影響をなるべく少なくするように努めます。また患部の冷却は、刺された痛みを和らげることができ、苦痛の軽減としてもとても効果的です。

02項でも述べましたが、スズメバチの毒は、さまざまな成分がブレンドされた「哺乳類によく効く毒」としてつくられていると考えられています。毒量も多いため、刺されるとミツバチ以上に痛みや腫れが大きくなる傾向があります。

私もハチには何度も刺されたことがありますが、オオスズメバ

チに刺されたときはチクッという感じではなく、金づちで叩かれたようなものすごい衝撃で、一瞬ハチに刺されたとは思いませんでした。

手のひらのど真ん中を刺されたのですが、手から肩まで何ともいえない重い痛みが続いたことを覚えています。こうした痛みも、刺された場所を保冷剤で冷却することで、多少楽になりました。保冷剤を外すと痛いので、ずっと当てておきたくなるような状態でした。

苦痛の軽減も大切な応急処置のひとつです。冷却は、痛みの感覚を緩和するものだとつくづく感じました。

そんな痛みをもたらす毒量は、大型のオオスズメバチでもたったの$1〜4\mu L$です。水1滴にも満たないような超少量の毒です。

そのため毒の吸引器具を持っていても、刺された直後に素早く使用しないと、まともな吸引は期待できないと考えられることもあります。

吸引器具の準備に手間取るようであれば、刺されたところをつまむことで、血液と一緒に毒を出す効果があると考えられています。**つまみながら移動し、水洗いを行うといいでしょう。**水洗いは冷却できるほか、水溶性であるハチ毒を希釈する効果が期待されています。

◎ アレルギー性の重篤な全身症状

刺された部位の局所的な症状は、誰にでも起こる毒の症状です。そのほかにハチに刺されたときに起こりうる症状として知られる

のが、アナフィラキシーショックです。これは、アレルギー性の重篤な全身性症状で、息が苦しくなったり、めまいがしたり、刺されたところ以外の場所に症状が現れます。

　一般的には刺されたあと40〜60分以内には症状が現れてくる傾向がありますが、刺傷後30秒から発症する場合もあるようです。こうした症状が出た場合は、大変危険です。一刻も早く病院へ行かないと、命にかかわる可能性があります。

　この症状はアレルギー症状であるため、誰にでも起こる症状ではありません。花粉症と同じように、なる人もいれば、ならない人もいます。
　また、**一般的には２回目以降が発症しやすいとされますが、中にははじめての刺傷でも発症する人もいます。**体質や体調によってまちまちなので、刺されて応急処置を行ったあとは必ず様子見を行い、「１人にならない」「１人にさせない」ことが大切です。

　食物アレルギーでも「牛乳には弱いけど200mL以下なら大丈夫」という例があるように、ハチの毒によるこうした症例も、刺された量で出たり出なかったりする可能性があります。
　大量に刺されると危険性が高まるため、文中でも紹介したニオイ対策などの「ハチを刺激しない」ことを意識し、刺されないように万全の対策をとってください。

◎ アナフィラキシーショックの組み合わせ
　ミツバチの毒はスズメバチと比べると量は少ないものの、同じ

量であればスズメバチよりも強い毒性を持っています。ただし、体が小さく毒の量が少ないため、ダメージは一般的にスズメバチよりも少なくなります。

またハチによって毒の成分も異なるため、**アレルギー症状として起こりやすい「"刺されたとき"の組み合わせ」がある**とされています。

例えば、スズメバチとアシナガバチはどちらもスズメバチ科に属するハチであり、毒の組成も比較的近いことから、この２種の組み合わせではアレルギー症状を起こしやすいとされます。

反対に、これら２種類のハチとミツバチでは、毒の組成が比較的離れることから、アレルギー症状を起こしにくいとされるのです。

つまり、「１回目：スズメバチ　２回目：スズメバチ」「１回目：ミツバチ　２回目：ミツバチ」などの組み合わせだと発症しやすく、「１回目：スズメバチ　２回目：ミツバチ」だと発症しにくいという現象が起こりうるということです。

ただし、これはあくまでも傾向の話です。前述の通り体調や体質によっても変わりますし、１回目でも出る人は出ます。過信は禁物ですが、こうした傾向を知るだけで役に立つときがあるかもしれません。

第2章
危険な爬虫類の代表『ヘビ』

ハチに続き、日本で死者の多い有毒生物第2位は毒ヘビの仲間です。

　日本に生息するヘビの仲間は、約40種とされます。しかし、ほとんどは南西諸島をはじめとする各島々に生息するヘビや、海の中に住むウミヘビの仲間です。そのため、対馬のみに生息するツシママムシを除けば、北海道〜九州に住んでいるのは、たったの8種です。つまり、奄美や沖縄の島々を除いて考えた北海道〜九州に限れば、8種さえ覚えられれば完璧です。
　その8種が、「アオダイショウ」「シマヘビ」「ジムグリ」「ヒバカリ」「ヤマカガシ」「タカチホヘビ」「シロマダラ」「マムシ」です。
　そして、この8種のうち、毒ヘビは「マムシ」と「ヤマカガシ」の2種のみです。

　ヘビには子ども（幼蛇）のときと大人（成蛇）のときで模様が変わったり、地域によって色や模様の変異があったりします。そのため、「たった8種といっても覚えるのは大変」という方は、「マムシ」と「ヤマカガシ」の2種だけでも、見分けられるようになるといいでしょう。
　ここでは、そんな「マムシ」「ヤマカガシ」の2種と、奄美や沖縄の代表的な毒ヘビの「ハブ」をピックアップしてご紹介します。

08 ストレスを溜めやすいナイーブなヘビたち

> 恐ろしい生き物としてよくあげられるヘビ。でもそんな彼らはとても怖がりな性格です。ストレスも溜めやすく、一般的なイメージと実際の性格は、けっこう違うかもしれません。

◎ ヘビはトカゲから進化した

そもそもヘビは、爬虫類の仲間のひとつで、トカゲが進化して生まれた存在です

大雑把にいえば、狭い隙間に入ることを得意とするトカゲの仲間が、「地中をスムーズに移動できるようにしよう！」と手足を無くす進化を遂げ、「体が細長いほうが狭いところを進むのによりスムーズだし、移動に便利かも！」というように体が細長く進化した生物です。

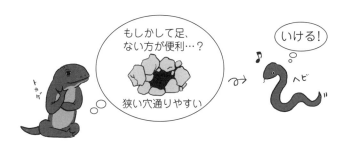

◎ 体を温めたり、エサ探しをしたりするヘビに出遭っている

種にもよりますが一般的なヘビは、山裾の谷間の少し開けた明るい里山環境に住んでいることが多い生物です。畑があったり、農道があったり、あるいは人家があったり……。そんな絵にかいたような「里山的」な環境であれば、ほぼ確実に住んでいます。

このような環境では、日本の代表的なヘビ「アオダイショウ」や「シマヘビ」のほか、毒ヘビの「マムシ」や「ヤマカガシ」にも出遭う可能性があります。

こうしたヘビたちは、日中、日光浴を目的に出てくることがあります。**マムシの場合は夜行性ですが、彼らも日光浴を目的に昼間の温かい環境に出てくることがあり、必ずしも夜にだけ出遭うヘビというわけでもありません。**

私たちは、主にこんな風に体を温めようとして出てきたり、エサを求めて探しているヘビたちに遭遇しています。「人が歩く振動に驚いたヘビが逃げて、はじめて気がつく」というのは、よくあるパターンです。

◎ ヘビはデリケート

ヘビに限ったことではありませんが、戦うことは彼らにとってリスクのある行為であるため、好んで人を襲うことなんてありません。またストレスを溜めやすく、私がヘビを学びはじめた頃「ヘビってこんなにデリケートな生き物なのか!?」と驚いたのを覚えています。

環境の変化が起こったり、ちょっかいをだされると、ヘビはストレスを受けます。こうした**ストレスを受けると、それが原因で**

拒食症を引き起こし、そのまま死んでしまうことがあります。

そのためペットとしてヘビを飼育する場合は、こうしたヘビのストレスについて、とても気を遣ってあげないといけません。

◎ 毒ヘビか無毒ヘビかの見分けは重要

そんなヘビたちとの遭遇時に万が一咬まれてしまった場合、それが無毒ヘビなのか毒ヘビなのかを見分けることは、非常に重要です。

毒ヘビであれば病院での治療を必要としますが、無毒ヘビであれば極端に心配することはありません。

無毒のヘビの場合も当然歯はありますから、咬まれたときに歯が刺さって怪我をします。しかし、ハチに刺されたときと比べれば軽傷で、傷口から雑菌が入った結果起こりうる二次的な被害を除けば、基本的には自然治癒で済みます。

◎ 毒ヘビはなぜ毒を持つのか？

毒ヘビが咬みついたときに使う毒は、ヘビ自身が狩りや食事をとるために使うことが本来の目的です。よって、防御への利用は二次的な利用といえます。

毒は、大きく２つのタイプに分けられ、神経系に作用する「神経毒」と、タンパク質を溶かす「出血毒（筋肉毒）」があります。

「神経毒」は効きが早く、獲物に打ち込むことによって相手を麻痺、またはそれにより殺すことができます。 獲物を捕獲し、飲

み込む動作をスムーズに行えるようになるメリットがあります。

　「出血毒」は、タンパク質を溶かす毒で、消化液である胃液のような存在です。出血毒を持つ毒ヘビは、相手の体の中に消化液となる毒を注入することで、獲物を殺して安全に捕食できることはもちろん、獲物の内側からも消化をすることができます。

　私たちは、食べ物を噛んで細かくすることで、消化の効率を上げていますが、ヘビは丸飲みして捕食する生き物です。咀嚼(そしゃく)はできません。
　胃袋に到達したとき、その獲物の消化は表面から徐々に行っていくことになりますが、あまり時間がかかると、体も太くなるし、動きも鈍くなるしで、いいことがあまりありません。そこで消化液となる毒が活躍しているわけです。
　出血毒は、こうしたタンパク質を溶かす性質があることから、**毒ヘビ咬症の際、皮膚や筋肉の壊死という被害が発生する**のです。

　ヘビが自分を防御するために毒を利用するのはやむ得ないときで、本来は防御時に毒を無駄遣いしたくないとも考えられています。
　実際、海外のガラガラヘビなどでは、「ドライバイト」という、人に咬みついても毒を注入しない現象も知られています。
　本当は咬みつきたくなくても、自分が死んでしまうリスクがあるのであれば、毒も利用しながら自分の命を守る。ヘビの咬みつきにはそのような意味があるのです。

09 日本で最も被害数の多い毒ヘビ『マムシ』

◇ 分　類：爬虫類（クサリヘビ科）
◇ 分　布：北海道 本州 四国 九州
◇ 大きさ：40cm ～ 65cm 程度

　日本の毒ヘビの中でも、最も死亡事故につながっているのが、マムシです。マムシ咬症は、必ずしも死に直結するものではありませんが、基本的には入院が必要となり、重症の場合は組織障害や腎機能障害などの後遺症を残す可能性すらあるため、決して軽視できるものではありません。

◎ マムシは仔ヘビを直接産む

　マムシは、日本の有名な毒ヘビです。カエルを好んで捕食するため、主に里山環境に生息しています。マムシの模様の基本パターンは「銭形模様」と呼ばれ、昔のお金「寛永通宝」をイメージ

させるような模様がたくさんついています。

爬虫類であるヘビの多くは卵で繁殖しますが、マムシは卵胎生で、仔ヘビを直接産みます。

◎ **体温をサーモグラフィーのように感知する**

マムシやハブなどのクサリヘビ科のヘビはピット器官という温度を見ることのできるサーモグラフィーのようなセンサーを持っており、**暗闇でも相手の体温を可視化して認識することができます。**そのため、サンダルの場合は素足が出ているので、どんなに真っ暗闇でもマムシからは丸見えということになります。

マムシの毒牙の長さは、約4mmです。一般的なスニーカーや登山靴であれば、4mm以上の厚さはあるため、マムシに咬まれたとしても皮膚まで到達させない効果が期待できます。もちろん、くるぶしなど、靴の範囲を超えた部分に関しては別ですが、**「自然の中を歩くときはしっかりと靴を履き、長ズボンを着用する」。これだけで、とても大きな事故予防です。**

マムシに咬まれて毒が注入されると、最初はチクっとした針が刺さったような痛みを覚え、30分程度経つと腫れがひどくなってきます。足を咬まれた場合は、腫れてしまうと、もはや痛くて歩くことは困難です。

マムシに咬まれれば入院ものです。万が一咬まれた場合は、一刻も早く病院へ行くようにしてください(詳しい応急処置については53〜54ページで紹介しています)。

第2章　危険な爬虫類の代表『ヘビ』

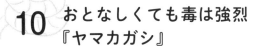

10 おとなしくても毒は強烈 『ヤマカガシ』

◇ 分　類：爬虫類（ナミヘビ科）
◇ 分　布：本州 四国 九州
◇ 大きさ：70cm 〜 120cm 程度

　ヤマカガシは田んぼなどがある里山環境によくいる毒ヘビです。おとなしくて咬まれることが少なく、毒牙が後ろの方にあるため咬まれても体内に毒が入りにくいことから、咬症被害例は少ないです。しかし、毒はマムシ以上に強力なので注意が必要です。

ヤマカガシの
キバは奥のほう
にある

マムシは手前

◎ 地域によって色や模様の変異がある

　ヤマカガシは２種類の毒を持っており、咬みつくときに使う毒のほかに、首の後ろの頸腺に防御専用の毒があります。 強くつかんだり叩いたりすると、この頸腺の部分の皮膚が破れ毒がしみ出たり飛散したりする恐れがあります。目に入ると障害を起こすので注意しましょう。

049

頸腺の毒は、エサとするヒキガエル類の毒「ブフォトキシン」を利用しています。

　ヤマカガシの模様はその毒の警戒色のためか、赤と黒のマス目模様で目立つことが多いです。しかし、模様には変異があるので、必ずこの色というわけではありません。
　色彩は、東日本では黒赤黄色を基調とした色合いですが、西日本では緑褐色になり、見た目はアオダイショウに近くなります。
　地域によっては、これ以外の色の変異もあるため、慣れない方だと見分けが難しいかもしれません。正体のわからないヘビは、触れぬが吉。「ヤマカガシに色の変異がある」ことを知るだけでも、大切な事故予防になります。

◎ **強い毒に注意**
　ヤマカガシの毒は強い血液凝固作用を持っているため、体内に毒が入った場合、血管内で血栓がつくりだされてしまいます。しかし、咬まれたときにマムシのような腫れや痛みを起こさないため、見た目だけでは毒が入ったのかどうかの判断がしにくいです。**「毒が入らなかったのかな」と油断していると、あとになって頭痛などから毒の症状に気づき、すでに重症化した状態で病院へ行く事態になる場合があります。**
　毒そのものはマムシやハブと比べても桁違いに強く、その強さはコブラ科のウミヘビクラスです。過去にヤマカガシの毒によって亡くなっている事例は、報告されている限り数名ではありますが、決してちょっかいを出したりしないようにしましょう。

11 沖縄の代表的な毒ヘビ『ハブ』

◇ 分　類：爬虫類（クサリヘビ科）
◇ 分　布：南西諸島
◇ 大きさ：100cm ～ 200cm 程度

　沖縄の有名な毒ヘビであるハブは、大変大型の毒ヘビです。北海道から九州までの本土には生息していませんが、奄美諸島から南の島々の一部に分布しています。

◎ 体が大きく毒量も多い

　ハブの毒は、同じ毒量で比較するとマムシよりも弱い毒性です。しかし、体が大きいため持っている毒量が多くなり、結果的にマムシより大きなダメージを負います。

　マムシが持っている毒量は約 20mg なのに対し、ハブは 100 ～ 300mg です。1 回の咬みつきで全毒量を出し切るわけではあり

ませんが、持っている量が多い分、1回の注入量も多くなります。

　毒牙の長さも、マムシは4mmほどですが、ハブは1.5cmほどと長く、咬みつかれたときに傷の深い場所まで毒を入れ込まれてしまうのです。

　ハブ毒の症状は、マムシによるものと近いですが、毒量も多いため、マムシ以上の痛みと腫れが引き起こされます。マムシと同じタンパク質を溶かす毒なので、咬まれた部位の壊死も引き起こし、場合によっては後遺症を残す場合もあります。

　現在では治療技術の進歩もあって死亡例は少なくなりましたが、だからといって決して安心できる存在ではありません。

◎ハブはジャンプする？

　ハブは大きいと2m以上のサイズになるものもありますが、多くの場合は180cmくらいです。ヘビの場合、攻撃範囲は全長の約半分〜3分の2くらいなので、**180cmほどのハブの場合は攻撃範囲が通常1.2mほどとなります。**

　「ジャンプして咬みついてくる」というような話を聞いたことがあるかもしれませんが、実際は完全に体を空中に浮かせるようなジャンプはできず、体の一部が地面に残ったままとなります。

　よって、実際の攻撃範囲は、全長の3分の2程度にとどまるため、180cmほどのハブであれば、余裕も見て1.5m以上離れておけば、おおよそ射程圏外ということになるのです。

12 ヘビ咬症の応急処置

> 毒ヘビに咬まれると入院はおろか、ときには命の危機にさらされます。毒ヘビに咬まれたときは、その症状にかかわらず一刻も早く病院へ行くようにしてください。

◎ 走ってでも病院へ

マムシに限りませんが毒ヘビに咬まれたら、応急処置もさることながら、すみやかに病院へ行き、治療を受ける必要があります。毒ヘビに咬まれた場合は基本的に入院ものです。

昔は、「心拍数を上げないように安静にして病院へ」といわれていましたが、近年の研究では、**「走ってでもいいから早く治療を開始できたほうが、症状が軽くなる」**という結果が得られました。毒ヘビに咬まれた場合の対処法としていわれていた「安静にして病院へ」は昔の話です。

2014年、日本臨床救急医学会で、救急救命医らが全国の病院約9500箇所で集めたマムシ咬症178例について、「早く受診した方が、症状が軽くなる傾向があった」ことが報告され、これまでの常識が覆されました。

もちろん、水洗いなどの応急処置はやらないよりやったほうがいいのは間違いありませんが、応急処置に手間取って病院へ行くのが遅くなってはいけません。毒ヘビ咬症の場合は、何よりも病院へ行くことを再優先とし、一刻も早く治療を受けることが大切

です。
　なお、指輪や腕時計などの体を締めつけているものは、外しておくようにするといいでしょう。大きく腫れた際に取れなくなって締めつけられ、組織障害を起こす可能性があるからです。

〈応急処置の手順〉
　1．咬症事故が発生！　再度咬まれないようすぐに移動
　2．ヘビの種類を判断。毒ヘビ？　無毒ヘビ？
　3．流水で傷口を絞り洗い。腕時計や指輪などを外す
　4．走ってでも病院へ

最後は、「走ってでも病院へ」です。しかし、決して「救急車は呼ばない」という意味ではありません。「そのとき、その状況で一番早く治療を受けられる可能性のある手段をとる」ということです。地域にもよりますが、一般的には救急車を呼ぶのがベストな方法でしょう。
　毒ヘビの場合、種類や体質によって、咬まれたあとすぐに痛くなったり腫れたりしないケースも報告されたことがあります。
　そのときの症状で安易な自己判断はせず、「毒ヘビに咬まれた」という事実に従って急いで病院へ行き、適切な診察や治療を受けることが望まれます。

第3章
悩まされることの多い
危険生物

これまで、日本の有毒生物の中で最も死者を出す2トップであるハチとヘビを紹介してきましたが、ここからは「もっと身近にいて、死に至ることはなくとも、悩まされることの多い危険生物」を取りあげていきます。
　本章で紹介するのは、「毛虫」「アブ」の仲間と、「カ（蚊）」です。

　毛虫は、危険生物として認識の高い生物のひとつかと思いますが、すべての毛虫が危険なわけではありません。また、毛虫というと、ガ（蛾）のイメージがありますが、必ずしもチョウがイモムシで、ガが毛虫というわけでもありません（とはいいつつもここで紹介する毛虫は、危険なガの毛虫です）。

　アブも、悩まされる方は多いかと思います。釣りに行ったとき、ＢＢＱをしに行ったとき、いろいろなシチュエーションで被害に遭ったことがあるかもしれません。

　カ（蚊）は、誰しもが知る吸血生物。おそらく吸われたことがない方はいないであろう、超有名種です。

　カの運ぶ特定の感染症などを除けば、彼らの被害に遭って直接死に至ることはありません。しかし、彼らは身近な住宅地や公園から、アウトドアで出かけた先まで、ありとあらゆるところで出遭う可能性のある危険生物です。彼らのことを知り、ぜひ予防に活かしていただけたらと思います。

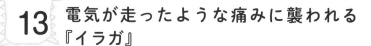

13 電気が走ったような痛みに襲われる『イラガ』

◇ 分　類：昆虫（チョウ目イラガ科）
◇ 分　布：日本全国
◇ 大きさ：30mm 前後（幼虫のサイズ）

　イラガは、チョウ目イラガ科に分類されるガの仲間です。登山やキャンプよりも、むしろ街中のほうが出遭う可能性の高い危険生物なので、家の近くで意識して探してみると意外と見つかります。

　その見た目は、まるでサボテンのよう。毛虫とはいっても、長い毛があるのではなく、トゲがたくさんついた独特な姿をしています。

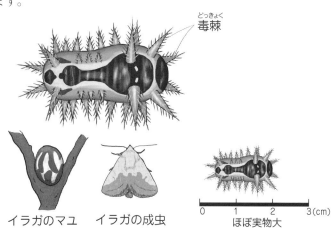

イラガのマユ　　イラガの成虫　　　　　　ほぼ実物大

057

◎ **触るとマズイのは幼虫だけ**
　イラガによる被害は、何より幼虫に触れたことによる痛みと、皮膚の炎症です。
　イラガと一言でいっても、ヒロヘリアオイラガ、ナシイラガ、アカイラガ、ヒメクロイラガなどいろいろな種類がいます。これらのイラガは一部の種類を除き、基本的には成虫やマユは触っても大丈夫です。**幼虫に触れてしまったときに、そのトゲが刺さり、痛い思いをしてしまいます。**

　触れたときに刺さるのは毒棘(どっきょく)という毒のトゲです。イラガの被害は、この毒棘の毒成分によって痛みや腫れが現れるほか、アレルギー性のかゆみなどが引き起こされます。

◎ **マユと葉っぱの食い跡が見つけるポイント**
　イラガは7〜10月頃に幼虫が発生し、カキノキやサクラ、ウメ、リンゴ、カエデ類、ヤナギ類、クリ、ヤマボウシ、ケヤキなど、幅広い樹木で見ることができます。街中の街路樹として使われている木についていることが多い虫なので、山の中よりも街に近い環境のほうが注意が必要です。

　マユは独特な卵型をしていて丈夫で長く残ります。そのため、樹皮や枝にこのようなマユがついていれば、その木はイラガが好んで利用している木である可能性が高いことを推測できます。
7〜10月頃、イラガが食べる種類の木を眺めてみて、マユや茶色く食われた葉っぱがある場合は要注意！　イラガの幼虫が葉

を食べながら潜んでいる可能性があります。触らないように葉をよく見てみると……、小さなイラガの幼虫が見つかるかもしれません。

◎ 被害が起こりやすいシチュエーション

イラガの幼虫はカのように血を吸うわけでもなく、ハチのように巣を守るために攻撃してくることもありません。**被害が起こるのは、「私たちからイラガに触ってしまったとき」**です。

好んで触ることはないかもしれませんが、意図せず触ってしまうことはありえます。

例えば、木の枝葉を整えるための「剪定作業をしているとき」や、子どもたちなら「木登りをしたとき」、公園で「ふと木に手をついたとき」や、どこかに「腰を下ろすとき」。こんなタイミングで被害に遭うことがあります。

過去には「木登りをしているときにイラガに触れ、痛くて手を放してしまい、落ちて骨折」なんて例もあったようです。

被害に遭わないようにするには、触れるものにしっかりと何もないことを確認するリスクマネジメントが大切です。

ちゃんと確認すれば被害を防げる危険生物ですので、7～10月頃の幼虫の発生時期には注意しておくようにしましょう（応急処置は66～67ページで紹介しています）。

14 触ってないのに被害を受ける『チャドクガ』

◇ 分　類：昆虫（チョウ目ドクガ科）
◇ 分　布：本州 四国 九州
◇ 大きさ：25mm 程度（幼虫のサイズ）

　チャドクガは、その名前の通り、茶の木（チャノキ）につく毒蛾（ドクガ）です。

　公園や緑地帯などの、身近な植物であるツバキの仲間に発生するため、住宅地近くの都市公園でも見られる身近な危険生物といえます。

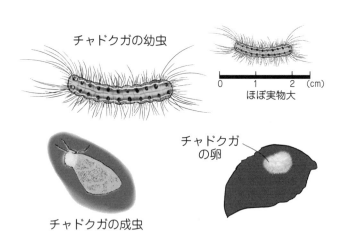

060

第3章 悩まされることの多い危険生物

◎ 細かな毛が飛んできて被害を受ける

チャドクガも、イラガと同じくガの仲間です。しかし、幼虫の見た目はイラガとは異なり、ふさふさの毛におおわれた「毛虫らしい毛虫」の姿をしています。

このチャドクガの怖いところは、**「直接触らなくても被害を受ける」** ところです。一般的に毛虫の被害は毛虫に触れたときに起こるのが普通ですが、チャドクガに関しては「まったく触れていないのに被害に遭う」というのが、よくある事故例です。

その事故が起こる秘密は、チャドクガの長い毛……ではなく、幼虫の黒い模様の部分です。

この黒い模様の部分にはとても小さな毒の毛（毒針毛：どくしんもう）がついていて、これが風に吹かれて飛び、私たちに刺さると赤い発疹やかゆみを引き起こします。そのため、チャドクガによる発疹は、体の露出した部分である腕や首元などに被害を受けやすい傾向があります。

ちなみにこの**毒針毛の大きさは、約0.1mm**。

私たちがパイナップルやキウイフルーツを食べたときに、独特な口の中のイガイガを感じますよね。あの原因は「シュウ酸カルシウム針状結晶」というのですが、毒針毛はそれと同じくらいの、とても小さな針なのです。むしろパイナップルなどのイガイガが、毛虫の針と同じサイズであるのにも驚くところですが……。

◎ 卵も幼虫もマユも……、全部危険な毛虫

その危険性は、毛虫（幼虫）のときだけにとどまりません。毛虫の時代につくられた毒の毛（毒針毛）は、マユから成虫、卵へと移り、どの世代であっても触ると被害を受ける可能性があります。

幼虫が発生する時期は、6月前後と9～10月くらいの時期ですが、それ以外の時期の卵や成虫に触れてしまっても、かゆみなどの被害を受ける可能性があるということです。

とはいえ、こうした幼虫以外の時期での被害はどちらかというと珍しいほうで、チャドクガ被害のほとんどは幼虫時代によるものです。

◎ 知ることが被害を防ぐ大事なポイント

チャドクガに限りませんが、「いつ」「どこで」「どのような」被害を受けやすいのかを知っておくことが、危険生物に対する最初の大切な事故予防です。

チャドクガの場合は、幼虫の発生する6月前後と9～10月くらいの時期に、**ツバキ類の剪定作業を行ったり、近くで活動していたりするときに被害に遭いやすい傾向があります。**学校の体育系の部活動の練習でランニングをしたので、休憩時に汗を乾かそうとツバキの木にかけたシャツをまた着直したら、お腹中に発疹が……、なんて事故例もあったとか。

この時期にツバキの木に対して触れたり作業をしたりするのは、なるべく避けたほうが無難です。

◎ 服に着いた毒針毛は熱で無毒化

チャドクガ被害の場合、**飛んできた毒針毛に触れて数時間以上経ってから症状が出るケースがほとんどです。**「昼間公園に出かけていて、夕方や夜になって腕がかゆいなと思ったら、赤い発疹だらけ……」。そんなシチュエーションが生まれます。

チャドクガ被害に気がついたら、まずはかくのをやめることが大切です！　かくことによって被害の範囲を広げる可能性があるため、まずは粘着性のあるテープを使って、毒針毛を除去してください。

毒針毛はイラガと違って風で飛んできているため、被害を受けた場所付近の洋服にもついている可能性があります。腕や首元など、被害箇所を中心に粘着テープで毒針毛を除去しましょう。

あまりにも広範囲で被害を受けてしまった場合は、アイロンやお湯をかけることによって、熱で無毒化する方法もあります。そのまま衣服を洗濯してしまうと、ほかの衣類にも移ってしまうことも懸念されるため、熱処理によって、無毒化させると安全です。

15 枝によく似た隠れた危険生物 『マツカレハ』

◇ 分　類：昆虫（チョウ目カレハガ科）
◇ 分　布：日本全国
◇ 大きさ：45mm〜70mm程度（幼虫のサイズ）

　マツカレハは、チョウ目カレハガ科に属した「カレハガ」と呼ばれるガ（蛾）の仲間です。

　マツカレハは身近な場所に生えているマツの木で見ることがあります。

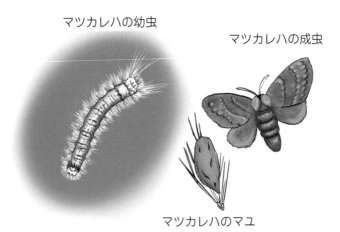

マツカレハの幼虫
マツカレハの成虫
マツカレハのマユ

◎ 多様なカレハガの仲間

　この仲間には、竹につく「タケカレハ」、クヌギやコナラにつく「クヌギカレハ」、アシ（ヨシ）やススキにつく「ヨシカレハ」

などがいます。今回紹介しているマツカレハは、もちろん「マツ」につくから「マツカレハ」です。

これらすべての幼虫は、イラガのように色鮮やかというよりも、むしろ地味な色合いで、自然色によくなじみます。気がつかずに触ってしまうと、刺される被害に遭います。

マツカレハの幼虫は全身が地味な銀色で、マツの枝によく擬態しています。

◎ 幼虫とマユに注意！

幼虫は毛虫なので、被害はこの幼虫に触れたことによって引き起こされます。基本的に木の幹や枝についているので、不用意に木に触れることをせず、触れる場合は毛虫がいないことを確認するだけで、被害を予防できます。

場合によっては、手すりや柵、ベンチにもいるかもしれません。相手は動物なので、動き回って「なぜここに……!?」なんて思うような変わったところにいることもあるでしょう。本種に限りませんが、触れる場所を一度確認することを習慣づければ、決して怖い存在ではありません。

知識として知っておくといいのは、この毛虫のマユです。

幼虫から成虫へと姿を変える間の時期、**カレハガは黒や茶色のボサボサとした短い毛がついたマユの姿になります。**このマユの表面にも、毛虫時代の毒毛がつきますので、触れると痛みやかゆみ、腫れなどが生じます。

16 毛虫に刺されたときの応急処置

> 気をつけていても毛虫に刺されてしまうことはあります。特に子どもたちは公園や林の中で遊ぶことも多いので、いざというときの処置方法を覚えておきましょう。

◎ 毛虫は毛で身を守る

ここまでで紹介してきたイラガも、チャドクガも、マツカレハも、すべて毒のトゲや毛を持った「毛虫」です。毛虫は、毛がついたイモムシなので、大きな枠組みとしてはモンシロチョウやアゲハチョウの幼虫と変わりません。

こうした幼虫たちの天敵は、鳥です。鳥の気持ちになってみれば、ガサガサとした毛の生えた毛虫よりも、毛のないイモムシのほうが食べやすそうですよね。ましてや、毒の毛をまとった毛虫なんて、食べたくもないでしょう。毛虫はこうやって身を守っているのです。決して「人間を刺すため」に、毒毛を持っているわけではありません。

ちなみに、毛虫でも毒を持たない種類もいます。

本章の冒頭でも話したように「チョウはイモムシの姿」で、「ガは毒を持つ毛虫」というようなイメージを持たれることも多いですが、チョウの仲間でも毛虫はいますし、ガでもイモムシの姿のものもいます。

成虫の場合も基本的には、「色がきれい」で、「胴体が細く」て、「昼間に飛んでいる」ものがチョウで、反対に「色が地味」で、「胴体が太く」て、「夜に飛ぶ」ものがガであることが多いです。

ただし、どれも明確に区別できるような線引きはなく、地味なチョウもいれば、きれいなガもいます。

◎ 毛虫対策には「ガムテープ」

毛虫に気をつけていても、ついつい不注意で刺されてしまうことがあるかもしれません。**万が一刺されてしまったときは、ガムテープなどの粘着性のあるテープでの応急処置が効果的です。**

とっさに刺されたところを手で払ったりすると、毒棘や毒針毛を広げてしまい、逆効果になることがあります。まずは原因となる毒棘や毒針毛を取ることが大切です。

応急処置に使用する粘着テープは、特に種類は問いません。粘着性は強めのほうがいいかとは思いますが、ガムテープがなくても、テーピング用テープ、医療用テープ、ビニールテープなど、そのとき用意できる粘着性素材のもので対処します。

粘着テープで応急処置をしたら、流水で傷口を洗って患部を清潔にし、抗ヒスタミン軟膏などを塗りましょう。流水で傷口を洗うと、冷却によって痛みや腫れを抑える効果も期待できます。

「毛虫被害には粘着テープ」と「水洗い」。これを覚えておくといいでしょう（※ 症状がひどい場合は病院で診察を受けましょう）。

17 刺してくるアブの代表格 『ブユ』

◇ 分　類：昆虫（ハエ目ブユ科）
◇ 分　布：日本全国
◇ 大きさ：2mm 〜 4mm 程度

　ブユは「ブト」「ブヨ」などと呼ばれることもあるハエの仲間であり、見た目はまさに小さなハエです。
　ブユと一言でいっても種類はたくさんあり、日本では約 70 種が知られていますが、その中でよく人に被害を及ぼすのは 5 種程度です。

ほぼ実物大

◎ キレイな水があるところに生息する？

　ブユは日本全国に分布し、3 〜 10 月にかけて広く活動します。その中でも 5 〜 10 月頃のレジャーシーズンが活発な時期で、朝夕の比較的涼しい時間帯を中心に活動しています。
　渓流沿いなどの比較的きれいな水がある環境で発生するものが多いので、都市部や住宅地ではあまり見かけません。一方、山村

や別荘地、キャンプ場などの自然が豊かな環境では、出遭う可能性があります。一概にいい切れるわけではないですが、**ブユがいるのは自然が豊かな証拠**でもあるわけです。

ちなみに成虫の寿命は通常約1カ月とされ、春から秋の間に、吸血と産卵を繰り返しながら過ごしています。冬季は卵か成虫、どちらかの姿で越冬します。

◎ 個人差の大きなブユ被害

多くの場合、刺されているときに痛みやかゆみは、ほとんど感じ取ることができません。刺されてから数時間〜半日ほど経過したときに現れる「赤い腫れ」や「かゆみ」ではじめて被害に気がつくケースが多いです。

ブユに刺されたことによる腫れやかゆみの症状は、アレルギー性とみられています。

実際、体質による個人差が大きく、パンパンに腫れあがる人もいれば、カと同じ程度にプツッとした小さな赤い腫れ程度で終わる方もいます。1〜2週間かけて治る過程でのかゆみの程度も異なり、我慢できないくらいのかゆみに襲われるケースもあります。

重症化したケースとしては、ひどい腫れのほか、ズキズキとした痛みや水ぶくれなどの局所症状に加え、微熱や倦怠感といった全身性の症状が出た例が知られています。

1990年代に実施されたブユのアレルギー性症状に関するアンケート調査では、刺された方のうち約6％が、比較的重い皮膚症

状を発症したと報告されています。ハチなどで知られる「２回目の被害のほうが、症状が重くなる」といったケースもあるようです。

ハチと異なり、ブユはエサとして人の血を吸いにきます。ブユの生息域では刺される可能性もあるため、症状が重く出る方は、露出を控えたり、虫よけスプレーをうまく活用するなどの対策を心掛けたほうがいいでしょう。
ハチは刺さなくても生きていける生物ですが、ブユは刺さないと生きていけない生物です。

ちなみに、「ブユに刺される」とよくいいますが、実際はカのように刺しているのではなく、どちらかというと**咬み切るようにして出血させ、その血を舐めるようにして吸血しています。**
このときに入るブユの唾液によってかゆみなどが生じると考えられています。かゆいからといってかきむしると、雑菌が入り、それが原因で化膿することもあります。

◎ ペットボトルシャワーを用意しよう

ブユ被害は、なるべく早い段階で患部をよく洗うといいでしょう。水で洗うことで、患部を冷やして腫れを防いだり、アレルギーの原因となるブユの唾液を洗う効果が期待できます。
しかし、ブユは生息環境が山間部や山村などの比較的郊外なため、「水道がすぐ近くにない」という状況も起こり得ます。

そんなときは、応急処置用にペットボトルの水を用意しておくと安心です。**ペットボトルの蓋に小さな穴をあけたものも別に用意しておくと、シャワーヘッドとして活用する**ことができ、洗うのに役立ちます。転んで怪我をした場合にも活用できるので、レジャーに出るときはこうした応急処置用の水セットを持っておくことをオススメします。

野外で水道がないときのために、応急処置用の水と、穴をあけたペットボトルの蓋を持っておくと便利。シャワー状に水を出すことができ、傷口を洗うことができる

洗ったあとは、市販の虫刺され薬（抗ヒスタミン軟膏）などを塗っておく方法もありますが、ブユ咬症は体質によって重い症状が出る場合もあるので、かゆみや腫れがひどい場合は、病院で診察を受けたほうが賢明です。

ブユに刺されて死ぬことはありませんが、自分の体質やブユのことを知り、適切な対応ができるよう準備をしておきましょう。

18 身近な吸血生物
『ヒトスジシマカ』

◇ 分　類：昆虫（ハエ目カ科）
◇ 分　布：本州 四国 九州 沖縄
◇ 大きさ：4mm〜5mm程度

　ヒトスジシマカは、知らない人はいないであろう血を吸うカの仲間です。カの仲間は、ハエ目カ科に含まれる昆虫で、広い分類ではハエの仲間に入ります。

　ハエの仲間は漢字で書くと「双翅目」と呼ばれ、漢字のごとく、翅が２枚の昆虫です。通常昆虫は前翅が２枚と、後翅が２枚の、計４枚の翅を持つ生物ですが、ハエの仲間は後翅を退化させ、実質前翅２枚で生活を送っています。このため、双翅目と名づけられました。

ほぼ実物大

◎ 都市適応するヤブカ

　皆さんもカに刺され、これまでに幾度となくかゆみに悩まされてきたことと思います。

しかし、カは日本に100種類ほどいるといわれていますが、私たちが悩まされるのはその中でも数種類。また、**カが人の血を吸うのは繁殖期のメスだけ**です。

　実はとても限られた存在に悩まされているのです。

　ヒトスジシマカは俗にヤブカともいわれ、本来、都市部のど真ん中というよりも、藪が多い緑地帯や山に多い傾向があるとされてきました。しかし、冬でも暖かい建物や自動販売機などの機械の熱をうまく利用することで、都市生活に適応する個体群も増えてきたとされています。

◎ **血液型は関係ない**

　「誰かと一緒に歩いているのに、なぜか私ばかり吸われる」。そんな理由として、よく血液型の話題が取りあげられることがありますが、実際には科学的な根拠は薄いと考えられています。過去の研究では血液型によって出されるニオイ成分の多少の変化などの影響なのか、カが好みやすい血液型の傾向がいわれた例もあります。しかし実際は、**カが吸血のために動物を察知する材料としているのは、温度や二酸化炭素のほか、皮膚に生息する細菌の出すニオイなどが中心**です。

　こうしたさまざまな要素が複雑に絡み合って、カが誘引され、私たちが刺されるという被害が発生します。

　足など、比較的蒸れる場所は細菌も繁殖しやすく、誘引されやすいことがあります。そのため、よく汗を拭いたり、洗ったりするのも、ひとつの対策として有効でしょう。

私たちが生きていることによって発生する代謝産物（熱や二酸化炭素）が誘引する原因物質であるため、生きている限り、カは誘引されてしまうのです。

◎ 猛暑だとカがいなくなる？

　近年、「災害級」と称されるほどの夏の酷暑が話題となっています。外に出るだけで過酷な35℃以上の猛暑日。暑さにばかり気を取られてしまいますが、実は暑すぎるとカの被害を受けにくくなる傾向があります。

　カをはじめ、多くの生物では適温が25℃前後というものが多く、活発に活動できる気温はその±10℃くらいです。つまり、「**暑すぎると辛い」のは人もほかの生物も一緒**です。猛暑日になると血を吸うための行動活性も下がってくるため、「暑すぎる夏はカに血を吸われにくい」という現象が起こるのです。

◎ カの口の構造が人を救う？

　私たちは、カの音やかゆみ、伝染病などに悩まされますが、カの体の構造がヒントとなり、私たちの役に立とうとしています。そのひとつが、「無痛注射器」の開発です。

　カが唾液で麻酔をして気づかれないように吸血することは有名ですが、カがこうした技を持つのは唾液だけのおかげではありません。

**　カの口は微細な毛がたくさんついている構造をしていて、人の肌に刺したときの摩擦が少なく、痛みを感じにくくする形状にな**

っています。このつくりを応用することにより、痛みを感じにくい注射器がつくれると期待されており、現在、開発に向けて研究が行われています。近い将来、カの口の構造のおかげで、注射が痛くない時代がくるかもしれません。

◎ カの応急処置の基本は水洗い

カに刺されたときのかゆみ止めとして、市販されている薬を使うのは最も簡単で確実な対処法です。しかし、その前に一度「水洗い」を行うと効果的です。特に、水道水などの流水で患部を洗浄することは、冷却によって腫れやかゆみを防ぐ効果も期待できます（※ 体質によってはカに刺されたあと、過敏に反応して炎症がひどくなるケースもあります。その場合は病院で診察を受けましょう）。

刺されないための忌避剤として最も有効と考えられるのは、ディートやイカリジンといった成分が配合された虫よけスプレーです。一般的な虫よけスプレーであれば、これらの成分が含まれているため、一定の効果が見込めるでしょう。

こうした薬剤をなるべく使いたくない方は、ハッカ油スプレーなども効果があるとされています。ただし、効き方は薬剤を使用したものに比べるとマイルドになると考えられますので、そのつもりで使用しましょう。

19 大型の吸血アブ『ウシアブ』

◇ 分　類：昆虫（ハエ目アブ科）
◇ 分　布：日本全国
◇ 大きさ：17mm 〜 25mm 程度

　ウシアブはハエ目アブ科に含まれる、まさしくアブの仲間です。体長が２cm前後と大型で、見た目はまさに大きなハエ。はじめて目にする方は、きっとその大きさに驚かれることと思います。

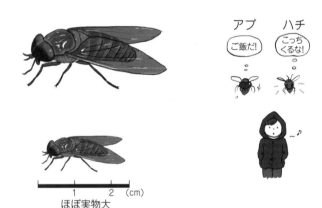

ほぼ実物大

◎ 牛の血を吸うから「ウシアブ」

　こうした吸血性の大型アブは、代表的なもので５種くらいです。その中でも特に灰色のウシアブと、赤色のアカウシアブは、最も代表的な種類です。

アブが血を吸うのは、カなどと同じで、産卵するために必要な栄養を取ることが目的です。ですから、人のほかにも牛などの哺乳類からも血を吸います。ウシアブの名は、「牛の血を吸う」ことから名づけられたものです。

◎ 見た目がハチにそっくり

　アカウシアブは、ウシアブよりもさらに大きく、飛んでいるときの姿はキイロスズメバチにそっくりです。色合いも似ているので、慣れないとキイロスズメバチなのかアカウシアブなのかを見分けるのは困難でしょう。

　ハチの場合、特に巣が近い場合は、「振り払う」などの大きな行動は相手を刺激することになるため、積極的に行うべきではありません。しかし、**ウシアブ類の場合は吸血を目的に寄ってくるため、体にとまられた際は振り払わないと咬まれます。**

　ハチは巣の防衛などのために刺してきますが、その行動は自己犠牲的です。そのため、「刺す」という攻撃は最後の手段。本来は「刺さなくても生きていけるはずの生物」です。
　しかし、ウシアブ類の場合は、吸血のために寄ってくるので、「刺さなければ生きていけない生物」です。
　一部、吸血しなくても生きていけるアブの仲間もいますが、ハチとアブでは、目的と積極性の違いがあることを認識しておくといいでしょう。

◎ アブの行動傾向

アブの行動は、天候によってかなり変わります。

適温は、18〜28℃程度で、30℃を超えるような暑さになってくると、行動が不活発になってきます。暑すぎるとかえって行動が鈍ってくるのは、カもアブも同じです。

アブが好む色の嗜好性は、白や黄色よりも、黒や赤が高い傾向があります。そのため、黒っぽい服装よりも水色やピンク色などの薄めの色のほうが寄ってきにくいかもしれません。しかし、人に対して吸血を目的に寄るときは、人の出す熱や二酸化炭素などほかのものを頼りにするので「黒くなければ寄ってこない」わけではありません。

ちなみに真っ白な服は光をよく反射するので、虫が寄ってきやすい場合もあります。色の対策は絶対的なものではなく、さまざまな対応策のひとつです。

◎ 応急処置は洗うこと

アブ被害の応急処置は、ブユと同じです。なるべく早い段階で患部をよく洗うといいでしょう。水で洗うことで、患部を冷やして腫れを防いだりする効果も期待できると考えられます。

洗ったあとは、市販の虫刺され薬（抗ヒスタミン軟膏）などを塗りましょう。

体質によってかゆみがひどいなど、重い症状が出る場合は、病院で診察を受けたほうが賢明です。

第4章
口で刺す・咬む
危険生物

何を危険生物として扱うかというのは、考え方や状況、立場によって異なります。しかし、私たちは一般的に「刺す・咬む・毒」などの影響によって、「刺傷・裂傷・中毒・かぶれ・かゆみ」などの外科的、または内科的な障害を引き起こす可能性のある生物を「危険生物」と呼んでいます。

　危険生物によって、私たちは身体にダメージを負ったり、ときに死に至ったりすることがあるため、恐れられ、リスクマネジメントが必要な存在として対策が練られています。

　ただし、危険生物側の立場で考えれば、人を攻撃するのはただの嫌がらせではなく、あくまでも「彼ら」が生き残るための行為です。だから「彼ら」も必死なのです。

　「彼ら」と「人」との間で何かしらのトラブルが生じたときに、武器となるものを使用して攻撃を仕掛けてくることがあります。そのひとつが「口」を武器として使った「刺す」「咬む」という攻撃です。

　この章では、リスクマネジメントが必要な数多くの危険生物の中でも、この「刺す」「咬む」という手段を用いて攻撃してくる「代表的な危険な生き物」をご紹介していきます。

第4章 口で刺す・咬む危険生物

20 在来の日本代表毒グモ『カバキコマチグモ』

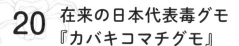

◇ 分　類：クモ（フクログモ科）
◇ 分　布：北海道 本州 四国 九州
◇ 大きさ：9mm～15mm 程度

　カバキコマチグモは、日本にもともと生息する在来のクモの中で最も強い毒を持っています。
　死亡事例こそありませんが、咬まれた部位の局所的な痛みだけでなく、頭痛や嘔吐などの全身症状にもつながる場合があります。

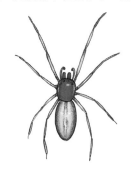

ほぼ実物大

◎ 手袋越しに咬まれた例も

　大きさは１cm前後で、沖縄を除いて幅広く分布しています。イネ科の植物に好んで生息するため、空き地や農地など、どこでも出遭う可能性のある普通種です。ススキやアシ（ヨシ）のほか、オオヨモギ、ヤナギ、フジなどの植物も利用し、葉先を丸めて中

081

に入り込んで生活しています。

咬まれるシチュエーションとして目立つのは、こうしたクモが利用する植物に対して実施する草刈り中で、手袋やビニール袋越しに咬まれて被害を負った例も報告されています。

咬症被害は、このクモの繁殖期である5～8月に多い傾向があります。オスがメスを探して徘徊することから、「家の中に侵入されて咬まれた」という例もあったようです。

過去の研究では夕方から夜にかけて被害が発生しやすいことから、活動が活発になるのは夜間、つまり夜行性であると考えられています。

光に集まる性質もあるため、夜の自動販売機などに訪れる様子が観察されることもあります。

◎ 症状と応急処置

カバキコマチグモの毒は神経毒と考えられていて、**咬まれると激痛を感じます。** そのあとも痛みは続き、赤く腫れ、しびれを覚えることもあります。こうした症状は、咬まれたときに、このクモの毒が注入されることによって起こる局所的な症状です。

症状の重さは個人によってまちまちですが、咬まれた場合はまず水洗いを行い、ステロイド系の抗ヒスタミン軟膏を塗ります。痛みや腫れがひどい場合は、病院で鎮痛剤が処方されるケースもあるようです。

一般的には軽傷で済むことがほとんどですが、頭痛などの全身症状が出るようなら、診察を受けたほうがいいでしょう。

第4章　口で刺す・咬む危険生物

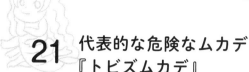

21 代表的な危険なムカデ『トビズムカデ』

◇ 分　類：ムカデ（オオムカデ目オオムカデ科）
◇ 分　布：本州 四国 九州 沖縄
◇ 大きさ：80mm〜130mm 程度

　ムカデは、誰しもが知る危険生物のひとつです。しかし、ムカデと一言でいっても、その種数は日本だけでも100種以上が知られており、実際に危険なのはその中のごく一部です。

　その危険なムカデが、「オオムカデ類」です。本州でも10cm程度の個体に出遭うこともありますし、沖縄では20cmを超えるサイズの大きなオオムカデも生息しています。

　こうしたさまざまなサイズのムカデですが、最も出遭いやすく身近に存在しているのは、このイラストにもなっている「トビズムカデ」という10cm程度のムカデです。

083

◎ ダンゴムシを探していると遭遇するかも

都市部のど真ん中のような環境では生息数が極めて少ないですが、**少し大きめの都市緑地などの環境や郊外であれば、どこにでもいる普通種です。**

朽木や石の下など、湿っていて温度が高く安定したところを好む性質があり、ダンゴムシを探していると出遭うことが多い存在です。そのため、子どもたちがオオムカデ類に遭遇することは珍しくありません。

里山やそれに近い自然の多い環境では、住居に侵入し、お風呂場や洗面所、布団の中などで出遭うケースもあり、家の中で咬まれる被害に遭うこともあります。

オオムカデ類は、野生下では小型の昆虫類などを主に捕食しており、その狩りのために毒を持っています。自ら好んで人を襲いにくることはありませんが、ふとしたタイミングでムカデに触れてしまったときに、咬まれる被害が発生します。

◎ 呼吸困難を起こす場合も

ムカデに咬まれると、まず激しい痛みを感じ、赤く腫れます。痛みは比較的早く、数時間で治まる傾向がありますが、毒はアレルギーの原因ともなるため、かゆみが出るほか、蕁麻疹、呼吸困難につながるケースもあります。

咬まれたその場所が痛かったり腫れたりするのは、ある程度仕方のないところがありますが、ハチと同様に咬まれたあとは経過観察を行い、容体の観察をしておくことが理想的です。

咬まれたところ以外に症状が出る「全身性の症状」があるようであれば、病院へ行くようにしてください。

ムカデに関しての応急処置はいまだはっきりしておらず、今後の研究が待たれるところですが、多くの場合は「お湯洗い」と「抗ヒスタミン軟膏」という組み合わせで応急処置が行われます。
43〜46℃程度のお風呂よりも少し熱いくらいのお湯で患部を洗うことで症状が軽快したという報告が出ていますが、科学的根拠が明確ではなく、医師によっては否定的な意見もあります。

考え方のひとつとして、すでに症状が出てしまっている場合は、拡散を防ぐ目的で冷やすことがいいという考え方もあり、どの方法が正解なのかは不安定なのが現状です。

こうした背景があるので、「お湯洗い」が近い将来、見直されるときがくるかもしれません。

私たちは、生き物のことをわかったような気になっているだけで、まだまだわかっていないことがたくさんあります。今の常識が、明日の非常識になることもありますので、過去の定説に囚われず、新しいものを受け入れる気持ちと心構えが必要です。

22 吸血ヒルの代表種『ヤマビル』

◇ 分　類：環形動物（顎蛭目(がくしつ)）
◇ 分　布：本州 四国 九州 沖縄
◇ 大きさ：20mm 〜 80mm 程度

　ヤマビルは、血を吸うことで有名なヒルの代表種で、環形動物と呼ばれる、ミミズやゴカイに近い仲間です。

　日本に生息するヤマビルは2種類で、本州から屋久島にかけて生息するニホンヤマビルと、南西諸島から南アジアにかけて生息するサキシマヤマビルです。そして今、分布を広げていることで問題になっているのが、ここで紹介するニホンヤマビル（以下：ヤマビル）です。

眼点

3つのアゴで皮膚を削る

血を吸うとふくらむ

◎ シカと一緒に拡がるヤマビル

　ヤマビルは、主にシカやイノシシを吸血対象とする生物で、こうした動物の分布によって、ヤマビルの分布も左右されています。

郵便はがき

112-0005

恐れ入りますが
切手を貼って
お出しください

東京都文京区水道 2-11-5

明日香出版社

プレゼント係行

感想を送っていただいた方の中から
毎月抽選で 10 名様に図書カード（500 円分）をプレゼント！

ふりがな お名前	
ご住所	郵便番号（　　　　　）　電話（　　　　　　　）
	都道 府県
メールアドレス	

＊ ご記入いただいた個人情報は厳重に管理し、弊社からのご案内や商品の発送以外の目的で使うことはありません。
＊ 弊社 WEB サイトからもご意見、ご感想の書き込みが可能です。

明日香出版社ホームページ　http://www.asuka-g.co.jp

ご愛読ありがとうございます。
今後の参考にさせていただきますので、ぜひご意見をお聞かせください。

本書の タイトル				
年齢：　　歳	性別：男・女	ご職業：		月頃購入

● 何でこの本のことを知りましたか？
① 書店　② コンビニ　③ WEB　④ 新聞広告　⑤ その他
(具体的には →　　　　　　　　　　　　　　　　　　　　　　　　　　　)

● どこでこの本を購入しましたか？
① 書店　② ネット　③ コンビニ　④ その他
(具体的なお店 →

● 感想をお聞かせください		● 購入の決め手は何ですか？
① 価格	高い・ふつう・安い	
② 著者	悪い・ふつう・良い	
③ レイアウト	悪い・ふつう・良い	
④ タイトル	悪い・ふつう・良い	
⑤ カバー	悪い・ふつう・良い	
⑥ 総評	悪い・ふつう・良い	

● 実際に読んでみていかがでしたか？（良いところ、不満な点）

● その他（解決したい悩み、出版してほしいテーマ、ご意見など）

● ご意見、ご感想を弊社ホームページなどで紹介しても良いですか？
① 名前を出して良い　② イニシャルなら良い　③ 出さないでほしい

ご協力ありがとうございました。

近年、野生のシカやイノシシの数が全国的に増加傾向にあるとされ、彼らの増加やその移動に伴って、ヤマビルの増加や分布拡大が同時に起きると考えられています。

　ヤマビルは、私たちと同じ哺乳動物の血を吸うため、動物の出す振動や二酸化炭素、熱に対して敏感です。そのため、こうした要素を出す私たち人もまた、吸血対象となります。

◎ **咬まれたときには気づかない?**
　ヤマビルの生息するエリアでは、山道を歩いているだけで、私たちの足元から忍び寄り、皮膚の柔らかいところを探して咬みつき、吸血します。

　吸血の方法はカやマダニとは異なり、「刺して吸う」というよりも、「傷をつけて、出てきた血を飲む」というような方法です。

　吸血のメカニズムが異なることから、これら2種で起こりうるような感染症のリスクは基本的に心配ありません。

　そのため、通常ヤマビルの被害は、血を吸われる「吸血」そのものと、そのあとに起こりうるかゆみや腫れに限られます。

　音もなく忍び寄り、咬まれたときにも痛みを感じないため、「ふと気づいたときには靴下が血まみれ」というような状況が起こります。

　これは、**ヤマビルが吸血時にヒルジンという物質を出すからです。この物質には、麻酔効果や血液を固まらせないようにする成分が含まれているのです。**

◎ **出血するが大惨事にはならない**

ヒルジンの影響で血がすぐに止まらないため、その出血量に驚く方もいるかもしれませんが、命にかかわるほどには至りません。落ち着いて流水で傷口の絞り洗いを行い、ヒルジンをよく洗い流してあげるのが有効です。

そのあとのかゆみや腫れの程度は、人によって大きく変わりますが、応急処置でよく洗えていれば、その分かゆみなどの程度は下がる傾向にあるようです。

洗浄後に抗ヒスタミン軟膏を塗っておくと、かゆみの程度も軽減されるでしょう。出血が止まらない場合は、傷口にガーゼや絆創膏をあて、止血対応を行います。

そもそも吸血されないようにするためには、イカリジン成分が配合された虫よけスプレーや、水に塩を溶かした濃度20％以上の食塩水スプレーをしておくことが有効です。ヤマビル専用のスプレーも市販されています。こうした薬剤は、ヤマビルに吸血されている真っ最中に、ヤマビルを皮膚から剥がす上でも有効です。

また、**日本のヒルは足元から寄ってきて吸血するため、靴下の中にズボンの裾を入れたり、登山用スパッツなどを着用することも、有効な対策となります。**登山の際には、ヤマビルの生息域かどうかを事前に確認し、適した装備で挑むようにしましょう。

23 感染症媒介者 『マダニ』

◇ 分　類：ダニ（マダニ科）
◇ 分　布：日本全国
◇ 大きさ：1mm 〜 5mm 程度

　マダニは、布団の中などで被害が発生するダニとは異なる仲間で、野外に生息し、動物の血を吸血して暮らす生物です。

　マダニと一言でいっても、日本だけでも 40 種以上知られており、その分布や模様はさまざまです。しかし、多くのマダニは 3 〜 11 月頃を活動の主なシーズンとし、サイズが 1 〜 5 mm 程度であるのは、概ね一緒です。

　吸血後は 1 cm 以上になるものもありますが、多くは小型でホクロくらいのサイズ感です。

血を吸うと
ふくらむ

ほぼ実物大

◎ マダニが運ぶＳＦＴＳ

このマダニは、近年感染症を運ぶ媒介者となることで、メディアなどを通して話題となっています。

マダニ自体は、昔から日本に生息している生物で、近年日本に侵入したわけでもなく、普通種として存在するものです。

しかし、2011年に中国でマダニが媒介する新しいウイルス性の病気が発表され、2013年には日本の山口県でも同じウイルスが発見されました。このことから、マダニが媒介する新しい病気として話題となり、テレビなどで取りあげられる機会が増えたのです。このウイルス性の病気がＳＦＴＳ(重症熱性血小板減少症候群)です。

ＳＦＴＳは、マダニが「原因となるウイルスを持った野生動物」を吸血して保菌者となり、さらに人を吸血することで媒介されていく病気です。中国では、丘陵地などを中心に、年間1,000人程度の患者が報告されており、日本では2013〜2018年までで約400件の感染が報告されています。

2019年4月現在では、ＳＦＴＳの感染報告は西日本に限定されています。しかし、東日本をはじめ、北海道においてもＳＦＴＳウイルスの遺伝子が検出されたマダニやシカ、イノシシなどが確認されているため、感染のリスクは日本全国どの地域においてもあるかもしれません。

この病気に対しては、**現在は有効な抗ウイルス薬が開発されていない**ことも、恐れられるひとつの要因です。

中国では10％、日本では30％の致死率とされ、根本的な治療

法が確立していない今、「マダニに咬まれない」ということが、この病を予防する上で、最も大切な対策といえます。

なお、マダニによる感染症はSFTSだけでなく、実際はライム病やダニ媒介性脳炎など、そのほかの病気の媒介も知られています。こうした病気も同様で、媒介者となるマダニに咬まれないようにすることが、とても重要な対策です。

◎ マダニの被害対策

先述の通り、マダニはシカやイノシシなどの野生動物の血を吸血します。そのため、こうした**野生生物が利用する場所や地域では、マダニの生息が集中することがあります。**とはいっても、必ずしも密度が極端に高い場所ばかりとは限らず、地域によってさまざまです。

一般的には、こうした野生動物が利用する獣道に入ったり近づいたりしないことが、ひとつの対策として有効です。

獣道

獣道は、藪の中にぽっかりと道ができているものです。人の背丈ほどの高さは草で覆われており、人の腰か胸くらいの位置までの高さで、道ができているものが多いです。これはまさに野生動物が利用する道なので、こうしたところには入り込まないことがマダニ対策のひとつとなります。

　また、虫よけスプレーによる対策にも、一定の効果が期待できます。天然素材成分など効果が薄いものもありますが、イカリジンが配合された薬剤による虫よけスプレーは、マダニが忌避することが期待できるとされています。
　絶対に大丈夫といえるものではありませんが、こうした対策をとっておくのもひとつの方法です。

◎ マダニは皮膚に固着する

　マダニに咬まれる被害は、咬まれた瞬間に痛みを感じるとは限らず、家に帰ってお風呂で気がついたというケースも珍しくありません。基本的にはマダニに咬まれる可能性のある場所を通ったあとに、体にマダニがついていないかどうかをチェックすることが大切です。

　マダニは咬みついたあと、皮膚にしっかりくっつくようにするため、セメント状の物質を出します。固着すると簡単には取れなくなるため、病院で局所麻酔をして、皮膚の一部ごと切り取ることになってしまいます。

　こうならないようにするためには、マダニに咬まれて比較的早い段階（ひとつの目安として24時間以内）にセメント状の物質で固着

する前に取り除くことが大切です。

◎ 2～3週間は経過観察を

　咬まれている時間が長ければ長いほど感染症のリスクも高まるとされるため、気づき次第、できるようであれば除去を試みることがいいと考えられます。

　除去に使用するのは、ダニ専用の「ティックリムーバー」と呼ばれる道具を使用するか、市販の毛抜きが便利です。

　ダニの口元、皮膚ぎりぎりの位置をつかみ、回転させると脱落します。このとき、**ダニの体をつかんでいたり、時間が経って固着したマダニだったりした場合、口や頭が皮膚に残ってしまいます。**

　残った場合は、異物肉芽腫の原因になるとされますので、病院でしっかり除去してもらってください。

　刺咬初期の場合、ワセリンなどをたっぷりとマダニにつけて埋めておくことで、ダニの呼吸を阻害し、取れやすくする方法もあります。試してみる価値はあるでしょう。

　マダニ除去後、2～3週間は経過観察が必要です。マダニが媒介する病気は、その多くが1～3週間の潜伏期間を経て、頭痛や発熱、嘔吐、筋肉痛、倦怠感といった、インフルエンザを連想させるような症状が出るとされます。

　数週間以内にこうした症状が見られる場合には、病院を受診し、マダニ刺咬被害を受けた旨を伝え、診断を受けたほうがいいでしょう。

〈応急処置の手順〉

1. マダニに咬まれて比較的早い段階のとき
（目安として24時間以内）
→ 毛抜きなどで頭をつかんで回し取り、数週間経過観察
（ワセリンなどで埋めて30分ほど経過してから取るのも有効とされる）
2. マダニに咬まれて数日以上経過しているときや、毛抜きなどを使用した除去に失敗して頭などが残ったとき
→ 病院で除去してもらい、数週間経過観察

第5章
触ってはいけない
体液が危険な生物

危険生物が持つ攻撃手段のひとつに、その体液を使用する方法があります。

　このイメージをお伝えする上で、最も有名でわかりやすいのはテントウムシの仲間です。

　テントウムシを指でつまんだり、ちょっかいを出したりすると、彼らは黄色い汁を分泌します。これは彼らの血液です。彼らは、危険を感じると血圧を上げて関節の一部の薄い膜状になった部分から出血させます。

　血液には、コシネリンという臭くて苦い物質が含まれており、「エサとして適さない不味い虫である」ことをアピールしています。色鮮やかな見た目をしているのも、外敵に覚えてもらいやすい「警戒色」の意味があるのです。

　テントウムシの出すこの体液も、ある意味「臭くて苦い」という毒のようなものですが、私たちはこれに触れても痛みやかゆみを覚えることはありません。ですから、テントウムシを危険生物としては扱いません。

　しかし、テントウムシと同じように防御用に体液を分泌する虫の中には、その体液に皮膚炎症状を引き起こす成分が含まれるものがいます。これが、私たちにとっての危険生物になります。

第5章 触ってはいけない体液が危険な生物

24 暗殺に用いられたともされる毒虫『マメハンミョウ』

◇ 分　類：昆虫（コウチュウ目ツチハンミョウ科）
◇ 分　布：本州 四国 九州
◇ 大きさ：12mm 〜 20mm 程度

マメハンミョウは、やや柔らかそうな見た目をしていますが、分類上はカブトムシなどと同じコウチュウ目に分類されています。日本にもともといる在来種で、本州以南のほか、中国や台湾にも分布しています。

赤い頭に、黒と白のストライプの背中をした独特な姿なので、比較的見分けやすい昆虫です。

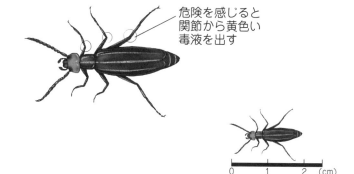

危険を感じると関節から黄色い毒液を出す

ほぼ実物大

◎ 農地で見やすい農業害虫

マメハンミョウは、幼虫期と成虫期で食べるエサが異なっており、幼虫期はイナゴやバッタなどの卵を捕食する肉食性ですが、

097

成虫期は植物を食べる草食性です。野生下だとシロツメクサなどをエサとしますが、大豆や小豆などのマメ科植物のほか、ジャガイモやナスなどのナス科植物に対しての食害を起こすことから、農業害虫のひとつとしても知られています。

こうした農作物を直接的に捕食するだけでなく、幼虫期のエサがイナゴなどの卵であることから、山間部というよりも、どちらかというと**農地や草地に分布が集中する傾向があります。**

成虫が見られるのは、7〜9月頃で、日中に活動しています。

◎ 食べれば死ぬ猛毒を持つ

マメハンミョウの害は、その昆虫の体内に含まれるカンタリジンという成分です。

このカンタリジンが手につくと、その部分が赤くただれたり、水ぶくれを起こしたりして、火傷のような症状を引き起こします。

マメハンミョウ側から人に対して襲いかかることはまずありませんが、誤って触れたり、手で払ったりしたときにつぶしてしまうと被害が発生します。

マメハンミョウは、触れるとテントウムシのように黄色い汁を関節から分泌します。これが毒液を含んだ体液です。

この毒液は、皮膚につくと前述のように火傷のような症状を引き起こしますが、誤って食べてしまった場合は、死に至る可能性もあるくらいの強い毒です。

諸説ありますが、かつて、このマメハンミョウを乾燥させて粉末にし、それを食事に混ぜて食べさせることによる暗殺があった

ともいわれています。

　大きさにもよりますが、マメハンミョウ1〜2匹でカンタリジンが致

死量に達するともいわれていますので、（食べないとは思いますが）食べないようにしてください。

　ただ、「毒も薄めれば薬になる」ということで、イボの治療薬などとして、過去に活用された例もあるようです。

◎ 応急処置は、すぐに体液を洗い流すこと

　万が一誤ってマメハンミョウに触れ、体液がついてしまった場合は、すぐに水で洗い流すようにしてください。体液が皮膚についていると炎症症状として現れるので、なるべく早く洗い流すことが、大切な応急処置となります。

　洗い流したあと、ステロイド系軟膏を塗るのも有効と考えられます。

　皮膚についただけであれば命の危険はありませんが、皮膚の炎症がひどい場合は病院へ行ったほうがいいでしょう。

　あくまでも原因は体液なので、**もしも腕にとまられた場合は、体液がつかないよう取り除けば大丈夫です。**そっと払うか、息で飛ばすなど、つぶすことのないように除去してあげてください。

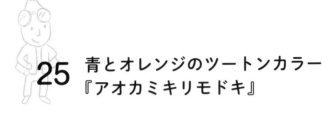

25 青とオレンジのツートンカラー『アオカミキリモドキ』

◇ 分　類：昆虫（コウチュウ目カミキリモドキ科）
◇ 分　布：日本全国
◇ 大きさ：10mm～16mm程度

　アオカミキリモドキはマメハンミョウと同じく、広い意味でカブトムシやクワガタムシと同じコウチュウの仲間に含まれています。

　アオカミキリモドキは、カミキリモドキの仲間のひとつで、体の緑色が目立つことから、この名がつきました。緑色の信号機でも「青信号」、緑色のイモムシでも「青虫」と呼ぶのと同じですね。

　カミキリモドキは、見た目上はカミキリムシによく似ていますが、外骨格はカミキリムシよりも柔らかく、「カミキリムシによく似ているけど違う虫」というのが、名前の由来です。

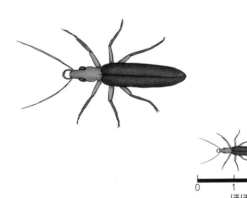

ほぼ実物大

100

第5章 触ってはいけない体液が危険な生物

◎ 体液がつくとヒリヒリ痛む

カミキリモドキ科は、約60種が知られていますが、すべてのカミキリモドキが毒虫かというとそうではなく、実際にはその中のおよそ3割とされています。

それでも20種ほどと数が多いですが、アオカミキリモドキは比較的出遭いやすく、見た目の見分けも容易です。そのため、注意が必要なカミキリモドキを知る上では、この虫から覚えておくといいでしょう。

カミキリモドキが持つ毒は、マメハンミョウでも紹介したカンタリジンです。

事故が起こりうる状況はマメハンミョウと概ね一緒です。**誤ってつぶしたり、つかんだりした際に体液が皮膚についてしまい、数時間後に火傷のような、ヒリヒリした痛みや水ぶくれなどの皮膚炎症状を起こします。**そのあと、かゆみを伴い、1〜2週間程度悩まされます。

◎ 初夏の時期に光に集まる

アオカミキリモドキは、5〜7月頃の初夏の時期に現れます。成虫は花粉などを食べるため、花の上によくきている様子が観察できます。

事故予防上知っておきたいこととしては、「光に集まる習性がある」ことでしょう。

カブトムシやクワガタムシを採集するのに、光を使って集める「ライトトラップ」という手法があります。アオカミキリモドキ

もクワガタなどと同様に、光に集まる習性を持っているので、**自動販売機や街灯の明かりなどに引き寄せられます。**そしてときに人家へ侵入してくるケースもあるのです。

　むやみやたらに怖がる必要はありませんが、初夏の時期には、こうした場所にアオカミキリモドキがいる可能性があることを覚えておくだけで、有効な事故予防になります。

◎ 全世代で毒を持つ

　アオカミキリモドキの成虫は前述の通り花粉を食べますが、幼虫は朽ちた木などのいわゆる腐朽材を食べます。そのため、成虫は朽木や落ち葉の下などに卵を産み、生まれた幼虫はその周辺の朽木を食べ1年かけて成長し、次の年の初夏に成虫となって出てくるのです。

　アオカミキリモドキは、こうした**卵の時期から幼虫、サナギ、成虫、すべての時期で体内にカンタリジンを含んでいます。**

　出遭いやすいのはあくまでも成虫なので、卵や幼虫に触れて被害が出るようなことは、基本的には心配しなくて大丈夫です。

　成虫でも、体液を出されなければ被害に遭うことはありません。手や腕を這われた場合は、決してつぶすことがないように注意しながら払う必要があります。

　応急処置は、マメハンミョウと同じ、水洗いと抗ヒスタミン軟膏です。水で体液をよく洗い流すようにしてください。

第5章 触ってはいけない体液が危険な生物

26 青光りするアリのような虫 『ツチハンミョウ』

◇ 分　類：昆虫（コウチュウ目ツチハンミョウ科）
◇ 分　布：北海道 本州 四国 九州
◇ 大きさ：10mm 〜 25mm 程度

　ツチハンミョウは、コウチュウ目ツチハンミョウ科に属する昆虫です。アオカミキリモドキと同じく、体が柔らかめなコウチュウの仲間で、大きさは1〜3cm程度。頭部と比べて腹部が大きく膨らんでおり、見た目は「青光りする大きなアリ」といった印象です。

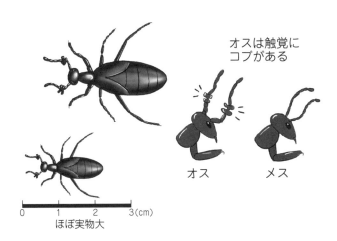

◎ 幼虫はハチの巣で暮らす

ずんぐりむっくりで飛ぶこともできず、彼らの成虫と出遭うの

103

はもっぱら地面の上。ひたすら徘徊し、ヨモギなどの葉を食べて生活しています。

ただ、幼虫の暮らしはちょっと特殊で、ハナバチの巣に寄生する一面を持っています。生まれた幼虫は草を登り、咲いている花にくっついてハナバチの仲間の飛来を待ち、運よくハナバチが訪れると、そのハチの体にくっついて一緒に巣まで連れていってもらうのです。

そこでツチハンミョウの幼虫は、本来ハチの幼虫のために集められた花粉などを横取りして食べ、暮らしていきます。
ちょっとずるい（？）、そんな一面も持っています。

そんなツチハンミョウも、アオカミキリモドキやマメハンミョウと同じ毒成分カンタリジンを持っています。体液中のカンタリジン濃度は高い傾向にあると考えられていますが、個体数がそんなに多い虫ではないので、この虫による事故被害はかなり偶発的です。正直そんなに恐れるほど被害に遭いやすい虫ではありません。
「見かけたときは触らない」。知っているだけで事故を防ぐことのできる危険生物です。

毒成分が同じカンタリジンなので、応急処置の方法も同様で、水洗いと抗ヒスタミン軟膏を用います。

第5章 触ってはいけない体液が危険な生物

27 アリのような小さなコウチュウ『アオバアリガタハネカクシ』

◇ 分　類：昆虫（コウチュウ目ハネカクシ科）
◇ 分　布：日本全国
◇ 大きさ：7mm 程度

　ハネカクシ類は、前の翅（はね）が小さく、前側に寄っていて、後ろ翅をこの下に隠すように持っています。とてもコウチュウの仲間とは思えないような見た目ですが、こうした特殊な「翅を隠すように見える姿」から、「ハネカクシ」の名前がつきました。

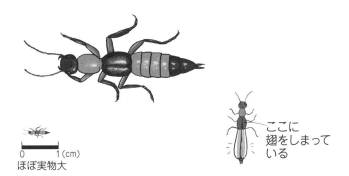

　ハネカクシの仲間の数はとても多く、日本に生息するものだけで約 2,300 種が知られています。種数が多いこともあり、ハネカクシの専門家でもないと、なかなか種類を見分けるのは困難です。
　ただ、アオバアリガタハネカクシは、その中でも比較的見分けがつきやすい種類です。とはいえ、その大きさはとても小さく、

105

体長は約6〜7mm程度。皆さんがよくご存じのナナホシテントウとほぼ同じくらいのサイズですが、体はテントウムシよりも細長く、どちらかというとアリに近い見た目です。

"青黒い色の翅を持つ、アリのようなハネカクシ"なので、「アオバアリガタハネカクシ」の名がつきました。

◎ 夜間の自動販売機に注意

アオバアリガタハネカクシは、日本全国に分布しています。生息環境としては、どちらかというと乾燥した場所には少なく、**水田や河川、湖沼周辺の、比較的湿気がある環境を好みます。**

草むらに隠れているところを発見したり、夜間光に向かって飛んできたところを見たりすることが多いでしょう。

そうそう高密度に生息することはありませんが、夜間の自動販売機などは注意したほうがいいです。前にも紹介したアオカミキリモドキなどがきている可能性もあります。やみくもに怖がる必要はないですが、「いるかもしれない」と思うことが、事故予防として大切です。

◎ 小さいがゆえにつぶしてしまいがち

アオバアリガタハネカクシが持つ毒は、体液の中に含まれるペデリンという物質で、これまでに紹介したマメハンミョウ、アオカミキリモドキ、ツチハンミョウとは異なる毒成分です。

ただし、事故が起こるメカニズムは同様で、触ったりつぶしてしまったりした際に体液が皮膚に付着すると、その部分に皮膚炎を引き起こします。火傷のような症状で、水ぶくれや、ヒリヒリ

とした痛み、かゆみなどを伴います。

　虫自体がとにかく小さくて柔らかいので、手や腕などを這われたときは注意してください。**振り払おうと反対の手でさっと払った結果、虫をつぶしながら払うこととなり、線状に皮膚炎症状を引き起こしてしまうのが、**この虫の有名な被害事例です。

　とても小さく、体が柔らかい虫だからこそ、このようなことが起こりやすいのでしょう。息で吹き飛ばすなど、つぶさないようにする工夫をするといいです。

　体液がついた場合は、アオカミキリモドキやマメハンミョウと同じように、すぐに水で洗い流すことが大切です。

　洗い流したあとにできる処置としては、虫刺され用の軟膏を塗る方法もあります。しかし、市販の薬では効果が薄い傾向もあるようなので、症状がひどい場合は早めに病院で診察を受けたほうがいいでしょう。

28 100℃の強烈なオナラ(?)を放つ『ミイデラゴミムシ』

◇ 分　類：昆虫（コウチュウ目ホソクビゴミムシ科）
◇ 分　布：北海道 本州 四国 九州
◇ 大きさ：15mm〜17mm程度

　ミイデラゴミムシは1〜2cmほどの小さなゴミムシです。黒色と黄色っぽい茶色のツートンカラーの見た目ですが、意外と地味なので、昆虫採集のときに覚えていないと、ついつい触ってしまうかもしれません。

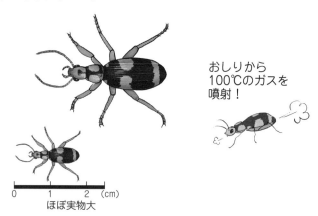

おしりから
100℃のガスを
噴射！

0　1　2　(cm)
ほぼ実物大

◎ ケラがいるところにミイデラゴミムシあり

　日本では北海道から九州、奄美まで分布し、多くの地域で特別珍しい種類というわけでもありません。どちらかというと普通種です。

108

ただし、ミイデラゴミムシの幼虫はケラの卵を食べて育つため、ケラが少ない地域では、ミイデラゴミムシも減少する傾向があるようです。

　歌にも歌われる「ケラ（オケラ）」は、畑や田んぼのあぜ等の地中で生活しており、ミミズや植物の根などをエサとする雑食性です。
　こうしたケラが生活できる環境があれば、ミイデラゴミムシも生活していけます。反対に**ケラが暮らしていけなければ、ミイデラゴミムシも減っていくことになります。**
　ビル群のあるような都市部ではなかなか少ないかもしれませんが、ケラが生息できるエリアがあれば、山地、里山のようなエリアでなくても生息しているかもしれません。

　ちなみにケラの卵を食べるのは、ミイデラゴミムシの幼虫期のみで、成虫になると、ガの幼虫やほかの小さな昆虫を食べるようになります。

◎ 100℃のオナラのメカニズム
　ミイデラゴミムシは、捕まえられたり、刺激されたりしたとき、**「プシュッ！」という音とともにガスを出します。**これは彼らの防御物質であり、身の危険を感じたときに捕食者から逃げおおせるために身につけた、特殊な武器です。
　一時的とはいえ、その温度はなんと100℃近くに達するような高温のガスです。

ミイデラゴミムシのガスは、腹部末端から出してきます。タイトルで「オナラ」と比喩しましたが、正確にはフンの排泄孔ではなく、ガスを噴射するためにつくられた別の器官から出すため、実際は腸内ガスを出すオナラとは異なる存在です。

　この防御物質がどのようにつくられているのかというメカニズムは、かつて海外に生息するミイデラゴミムシの近縁種で調べられたことがあります。
　彼らは普段、ヒドロキノンと過酸化水素と呼ばれる２種類の物質を、異なる別々の器官に溜めて持っています。
　攻撃を受けた際、この２種類の物質をそれぞれの器官から出して、別のひとつの器官に送りこんで混ぜ合わせます。
　そして、そこにペルオキシダーゼとカタラーゼという酵素を加えて化学反応を起こし、ベンゾキノンと水が高温とともに生成されます。これが熱い毒ガスとして吹き出すという仕組みになっているようです。
　いくら瞬間的とはいえ、100℃近くにもなる化学反応を起こしているわけですから、普通ならミイデラゴミムシ自身もやられてしまうはず……。しかし彼らは、こうした化学反応に耐えられる構造が体内につくられており、その上で噴射の方向まで調整することができるため、自爆することなく、襲われた相手に向かって的確に攻撃を与えることができるのです。

　この方法で防御する昆虫としては、日本ではミイデラゴミムシ

ばかりが有名ですが、実際にはこれ以外にも存在します。ただし、見た目のわかりやすさと出遭いやすさでは、ミイデラゴミムシが一番でしょう。

◎ 洗っておけば大丈夫！

　ミイデラゴミムシによって吹きつけられる物質は、ここまでで紹介してきたアオカミキリモドキなどとは異なり、血液ではありません。

　しかし、体の中に持つ液状成分をつけられるという点では、被害の受け方が同じであるため、応急処置の方法もこれまでと同様に水洗いの対応が理想的です。

　本種の攻撃を指などに受けると、その部分に**1〜2週間ほど茶色いシミが残ります**が、これはガスの中に含まれるベンゾキノンが、タンパク質によくくっつく性質があるためです。

　噴射液がつけられても、皮膚に刺激感と褐色の色素沈着こそ起こりますが、それ以上の症状は基本的には起こりません。皮膚の弱い方などは刺激感に痛みを覚えることもあるかもしれませんが、基本的には治療の必要はなく、洗っておくだけで大丈夫です。

　有名な虫ですが、いうほど危険ではない生物です。

第6章
出遭いたくない
危険な哺乳類

特別毒を持っていなくとも、哺乳類の仲間は自然の中で出遭うと、ときに危険な存在となることがあります。

　ほかの危険生物もそうですが、積極的に人間を狙うことを目的に生息する生物はいません。しかし、ふとした拍子に出遭うと、彼らは自分自身の身を守ったり、縄張りを守ったりする目的で、人に対して危害を加えてくる場合があります。

　田畑をつくり農作物をつくれば、食料を求めて人里に彼らを招いてしまうことがあります。野生の生活は、日々天敵に襲われるリスクをはらみながら、生き残るためにエサを獲得していかなければならない、非常に厳しい世界です。そんな世界に暮らす彼らにとって、まとまったエサが存在する田畑は、とても貴重な存在です。当然、生き残る目的のため、その実りを奪いにくることだってあります。

　実際、野生哺乳類による被害のほとんどは、人に対する危害よりも農作物の被害のほうが圧倒的に多いです。

　例えば、代表的なシカやイノシシによる被害は、金額にするとそれぞれが年間に50億円以上。2種合わせれば、年間100億円にも及んでいます。次いで多いのはサルで、年間約10億円です。

　本来は野生で野山に暮らすはずの生物たちが、いかに我々の食料を利用しようとしているかがわかります。

　野山を切り開く開発はもちろんですが、食料を安定的に供給することを目的とした農産業を行うことで、彼らに少なからずエサを提供している状態をつくってしまいます。エサが増えれば、野生動物の数を増やしてしまうことにもつながるのです。

このように野生動物の被害を増やす原因のひとつをつくっているのも、私たち人ということを認識する必要があります。

一方的に彼らを悪者とすることはできません。彼らの暮らしを理解し、うまくつき合っていくための術を学び、実践する必要があります。

その最初の第一歩は、知ることです。生態や習性を知ることで彼らの状況を理解し、それに合わせて対策をとり、お互いにトラブルが起きないようなつき合い方を考える必要があります。

皆さんもちょっとしたレジャーとして行く登山、ハイキング、釣りなどを通して彼らの暮らしに少なからずかかわることがあるはずです。そのときのちょっとした気遣いがあるだけで、人と動物のつき合い方は大きく変わります。

野生動物に対するエサやりなどは、最たる例です。野生動物が人に慣れすぎると、人を恐れなくなり、人に対して危害を加えやすくなることがあります。短期的にはその個体に対する優しさであっても、長期的には野生動物と人のトラブルを生む原因になることがあるのです。

ここでは、そんな野生動物の中から、「恐れられる危険哺乳類の代表である「クマ」、農業被害ももたらし身近に多く生息する「イノシシ」、頭が良く観光地で被害が出ることもある「サル」の3種について、紹介します。

彼ら野生動物は、いったいどんな性質を持っているのか。この本を通して、少しでも皆さんに知っていただければ幸いです。

29 日本の危険哺乳類の代表『クマ』

【ツキノワグマのプロフィール】
◇ 分　類：哺乳類（食肉目クマ科）
◇ 分　布：本州 四国
◇ 大きさ：体長 110cm ～ 130cm 程度

【ヒグマのプロフィール】
◇ 分　類：哺乳類（食肉目クマ科）
◇ 分　布：北海道
◇ 大きさ：体長 200cm ～ 230cm 程度

　クマは、食肉目クマ科に含まれる哺乳類です。食肉目にはクマのほかに、イヌやネコ、キツネなども含まれています。

　最近は「ネコ目」ともいわれるようになりましたが、「食肉」と名がつく通り、基本的には肉食性の性質を持つ捕食者となる動物が多く含まれているグループとなります。

　ただし、含まれるすべての動物が肉食性かというとそうでもなく、クマはドングリも食べるまさに雑食性の動物です。

　日本に生息するクマは2種類で、北海道に生息するヒグマと、本州と四国に生息するツキノワグマです。

　ヒグマは日本に生息する陸上哺乳動物の中で最も大きく、その体長は大きいもので 2.3 m にも及び、能力的にもサイズ的にも、とても生身で戦って勝てる相手ではありません。

ツキノワグマも、小さいとはいえ、体長は 110 〜 130cm ほどあります。生身の人は、野生動物と比べるとはるかに弱い存在です。出遭って戦いになれば、大怪我は免れないでしょうし、致命傷を受ける可能性もあります。よって、まずは「出遭わない」ことが最も大切な対策といえます。

◎ 5 〜 10 月が危険

過去に調査されたクマの事故件数では、5 月頃から 10 月頃にかけて起こる傾向があります。その中でも 5 月と 10 月は特に集中しており、最も被害が出るのは 10 月です。

こうした件数の背景には、クマの生態が関係していると考えられています。

春先の 5 月前後は、クマが樹皮を剥いで食べたり、タケノコを食べたりなど、「とにかくたくさん食べる時期」です。また同時

に繁殖期にも重なってくることから、「食べるためによく活動し、気が立っている時期」といえます。

秋の10月頃も、越冬や出産のために栄養を蓄える時期です。ドングリや果実類などの栄養価の高いものを求めて、クマは活発に活動します。このとき食べておかないと、冬を乗り切れなかったり、出産のエネルギーを蓄えられなかったりするため、必死なのです。

そんな必死な熊と遭遇したときに、事故は起こります。

報告されている例を見ると、伐採などの林業作業や、クルミや山菜採りなどで山に入ったときに起こるものが多い傾向にあります。こうして出遭った際に咬まれたり、ひっかかれたりして、怪我や死亡事故に至ります。

クマは、エサを食べたところでそのまま休む習性もあるようなので、人がクルミを採りにいくと、同じクルミを求めてやってきたクマと遭遇する可能性が出てくるのです。

5月頃や10月頃の時期にクマの生息エリアに行くときは、「出遭うかもしれない」と思いながら準備をすることが大切です。

◎ **死んだふりはだめ**

対策としては、

・単独での入山を避ける

・ヘルメットや応急処置用品を用意する

・クマの足跡や糞などの痕跡(フィールドサイン)があったら、長居は無用

・鈴やラジオなどをつけるのを過信しすぎない

・携帯電話の電波状況を細かくチェックする
・クマよけスプレーを用意する

といった方法が考えられます。

山の中は電波状況が悪いですが、「ここに行けば電波があった」という位置を把握しておくことは、万が一の際に助けになります。

これはクマ対策に限らず、すべての危険生物対策や遭難の予防の観点からも重要です。

もしも出遭ってしまったら、慌てて逃げないようにするといいとされています。クマは俊敏な動きに敏感です。そのときの近さにもよりますが、基本的にはゆっくりと後退りで離れるのがいいでしょう。

クマの走るスピードはクルマなみで、時速は 40 〜 50 キロにも及びます。スピードでは勝負できません。

また、身をかがませる動作は、こちらの身を小さく見せ、クマの攻撃を誘発させる恐れがあるともされます。死んだふりはＮＧです。**自分の身は、クマよりも大きく見せたほうがいいです。**

クマよけスプレーがあれば、それを使うのが一番いいでしょう。

30 産業被害が中心
『イノシシ』

◇ 分　類：哺乳類（鯨偶蹄目イノシシ科）
◇ 分　布：本州 四国 九州
　　　　　（※南西諸島の一部にはリュウキュウイノシシが分布）
◇ 大きさ：体長100cm～160cm程度

　イノシシは鯨偶蹄目（くじらぐうていもく・げいぐうていもく）の哺乳類で、ウシやシカ、カバのほか、クジラの仲間と同じ分類に含まれます。

　今でもぼたん鍋として親しまれているように、野生動物の中では食べやすく、家畜である豚の品種をつくるときの、もととなった動物です。

　本州から九州の山地、里山では決して珍しい存在ではなく、開発された都心部を除けば、比較的どこにでもいる動物です。

イノシシの子
うりぼう

◎ 見つけやすいフィールドサイン

イノシシが残す痕跡（フィールドサイン）は比較的わかりやすく、その存在の有無で、誰でも簡単に「その土地にイノシシがいるのか？」を判断することができます。**代表的なフィールドサインは、「掘り返された地面」**です。

イノシシは、食べ物を探すために、鼻先を使って地面を上手に掘り、植物の根っこや芽、タケノコ、昆虫類などを食べて暮らしています。

このような性質から、イノシシはエサを求めて人里に降りてきて、畑を荒らすなどの農業被害を発生させることがあります。そんなことから、増えると困る有害鳥獣駆除対象の代表種として扱われているのです。

◎ 感染症にも要注意

イノシシが危険生物として扱われるのは、野外で出遭ってしまったときに咬みつかれたり、突進されたりすることによって怪我をする恐れがあるためです。

通常、人が近づけばイノシシは逃げていくものですが、とっさに出遭ったり、罠にかかったイノシシなどに近づいたりなどの「追

い詰められた状況」をつくってしまうと、攻撃してくることがあります。

　体重の軽い20kg程度の若いイノシシでも、その迫力はなかなかのものです。基本近づかなければ、そうそう被害に遭うものではありませんが、おもしろ半分で近づいて刺激するようなことはしてはいけません。

　万が一咬まれてしまった場合、その咬み傷で大きな裂傷を負う可能性があるほか、突進されれば骨折などを負う可能性もあります。こうした被害に遭ってしまった場合は、まずはイノシシから離れて安全を確保した上で、止血や洗浄、骨折などの応急処置などが必要となります。

　野生動物は感染症の原因となるウイルスや細菌を持っている場合もあるので、傷が軽傷であっても、咬まれて怪我をした場合は必ず病院を受診し、適切な治療を受けることが大切です。

　野生動物たちは、当然ながら「野生の動物」です。いろいろな病気を持っている場合もあります。どんなにかわいいウサギでも、野生で暮らすウサギはペットとは異なり、人との接触には慣れていないため、咬みついてくることもあるでしょう。
　野生動物はペットと同じような感覚でエサを与えたり、触れ合ったりするものではありません。

31 人と同じ霊長類『ニホンザル』

◇ 分　類：哺乳類（霊長目オナガザル科）
◇ 分　布：本州 四国 九州
◇ 大きさ：体長50cm〜60cm程度

　サルの仲間であるニホンザルは、イノシシと同じように、日本では古くから親しまれてきた代表的な哺乳類です。
　ニホンザルは私たちヒトと同じ分類である「霊長類」に属しており、日本ではヒトを除くと唯一の霊長類といえます。

◎ **日本にしか生息しない珍しいサル**

　「ニホンザル」の名がつくように、このサルは、日本以外には生息していません。
　雪の降る寒い日に温泉につかっているイメージが多いニホンザルですが、通常サルの仲間は温帯や熱帯などの暖かい地域に生息する生物です。従って、こうした積雪地域に住むサルは、世界中

の霊長類の中ではかなり珍しい存在といえます。

食べ物は、私たちと同じように雑食性で、植物質である果実や花、葉などを中心に、昆虫や小さな動物も食べることができます。

◎ **オスは婿入りする**
生活は数十頭からなる群れをつくって生活しており、群れで生まれたメスは、そのままその群れで生活します。一方でオスは、4～5年程度経つと群れから離れる暮らし方をしています。

つまり、私たち人は父系の血縁関係の中でつながっていく「嫁入り」の文化であることが多いですが、**ニホンザルは婿が外から入ってくる母系の血縁関係で成り立っている**のです。あまり知られていませんが、おもしろい性質です。

こうした「複数のオス」と「母系」の「複数のメス」で構成される群れなので、「母系的複雄複雌群」と呼びます。

ちなみにいわゆる一夫多妻制は「単体のオス」と「複数のメス」で構成される群れなので「単雄複雌群」です。

「母系的複雄複雌群」の性質は、あくまでもすべてのサルにいえるわけではなく、私たちのよく知るチンパンジーは、逆にメスが群れから離れる父系の血縁関係の群れとなります。

種類によって変わるのですね。

第6章　出遭いたくない危険な哺乳類

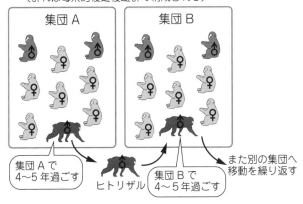

ニホンザルはオスが群れを渡り歩く
（群れは母系的複雄複雌群で構成される）

◎ 出遭ったら無視しよう

サルは賢い生き物です。そのため、「これをすれば絶対大丈夫！」という方法はありません（ほかの生物でも絶対的な方法はないのですが……）。

また、サル側の環境によっても、彼らの行動は変化します。これはどの危険生物の対策にもいえることではありますが、まったく人と接触がないサルと、そうでないサルでは行動が違います。人がエサを与えたりすると、人との接触に慣れ、人を恐れなくなることがあることを理解しておかねばなりません。

サルと出遭ってしまったときは、基本的には「目を合わせず歯を見せない」ことが有効な対策だといわれています。これはこうした行為が、彼らに対して威嚇していると取られる可能性があるからです。

サルに出遭うと気になりますが、基本は「出遭ったら無視」するようにしましょう。

目を合わせる
歯を見せる

威嚇のポーズ

　万が一サルに襲われた場合、イノシシなどのそのほかの野生動物同様、咬み傷などを負う可能性があります。そのような場合は、まずは安全を確保した上で、止血や洗浄などの応急処置が必要です。感染症の原因となるウイルスや細菌を持っている場合もあるので、必ず病院を受診し、適切な治療を受けるようにしてください。

第7章
海・水辺に潜む
危険生物

日本は島国です。海に面していない県もありますが、海に行こうと思えばすぐに行けるので、皆さんの中で「海を見たことがない」という方はいないでしょう。
　外国では、大きな大陸の中央部に住んでいると、そうそう海に行くことがない、一生涯の間に海を見ることがない人もいるかもしれません。

　私たち日本人は、こうした島国の立地を活かし、海の幸である魚やエビなどの海鮮食品に支えられているほか、ダイビングやシュノーケリング、磯遊びなどのレジャーを通して、海の生物とも触れ合える環境に恵まれています。
　こうした海の生物との触れ合いも楽しいですし、教育面から考えても大切な要素をたくさん持っています。
　しかし、油断してはなりません。海には危険生物も生息しているのです。
　海は、陸上とはまったく異なる生態系です。ゆえに、海の危険生物は、陸の危険生物とはまた違った注意が必要となります。
　「何が危険なのかを知っておく」。これは、陸上生物の紹介の中でも何度も表記した言葉ですが、事故を予防する上ではとても大切です。

　「海の危険生物」と聞くと、「サメ」のイメージを持たれる方もいるかもしれませんが、実際は、日本近海でのサメによる事故は多くありません。
　海の中は危険生物だらけというわけでもありません。これは陸

上生物でも同じことですが、実際に出遭う可能性は、高いものから低いものまでさまざまです。また危険生物は沖縄などの南西諸島など、どちらかというと温暖な海域に生息するものが多いのです。

　私たちが普段活動するのは陸上なので、本書では陸上生物を中心に掲載しています。そのため、海の危険生物はごくごく一部の生物の紹介となりますが、「陸と比べてどんな生物がいるのか？」、その差を意識しながら読み進めていただければ幸いです。

　また、水中の危険生物と聞くと「海の中」がイメージされることが多いですが、陸上の水中、つまり淡水中にも私たちに被害をもたらす可能性がある生物は存在します。

　ハサミで挟んでくる可能性のあるザリガニや、するどい口を持つタガメなどもそうですし、毒生物でいえば、ここまで陸上生物として紹介してきたヤマカガシ、マムシ、ヤマビルなども水中を泳いでいたり、流されたりして、出遭う可能性があります。

　マムシの亜種である「ツシママムシ」という長崎県の対馬に生息するマムシは、アユが川を上ってくる「遡上（そじょう）」の時期になると、そのアユを食べようと河辺に集まったり、川の中に潜（もぐ）って潜（ひそ）むことが知られています。

　「川や田んぼの危険生物」というワードを聞くことは少ないかもしれませんが、地球上のどのフィールドでも、つき合い方を間違えれば怪我をする可能性がある生物は存在しているのです。

　そこで本章では水つながりで「カエル」や「イモリ」も取りあ

げました。

　カエルやイモリは、多くが水辺に生息することで知られる両生類です。ヘビやトカゲのように丈夫な鱗で守られた体ではなく、粘膜質の肌をしているため、基本的に乾燥に弱く、里山や山地の水辺を中心とした環境を利用して生活しています。
　こうした湿気の多い環境では、カビなどのさまざまな菌から身を守る必要もあることから、粘膜上に何かしらの毒成分となるものを有している傾向があると考えられています。
　その毒成分には、「刺激がある」程度の弱いものもあれば、天敵からの防御にも利用できるくらいの強いものもあります。
　日本のカエルが持つ毒は、その多くがどちらかというと微毒です。ですから、「毒の影響を受ける場合がある」という点では危険生物として扱いますが、スズメバチや毒ヘビなどの危険生物とは、少し性質が異なるものであると思っておいてください。
　なお、南米に生息するヤドクガエルの場合は、牛1頭を殺せるくらいの非常に強い毒を持っています。しかし、ここまで強力な毒を持つものは、日本の自然界にはいないので安心してください。

第7章 海・水辺に潜む危険生物

32 海の危険生物事故のトップを誇る『クラゲ』

◇ 分　類：刺胞動物（クラゲ類）
◇ 分　布：日本全国
◇ 大きさ：触手まで含めると最大 50m 程度になるものもいる

　海の危険生物で最もリスクが高いのが、クラゲの仲間です。
　日本ライフセービング協会の過去の報告によると、海のレジャーで発生した応急処置を要する事故のうち、第１位がクラゲによるもの、第２位が切り傷、第３位が擦り傷と報告されています。
　もちろん、場所や季節や状況によって事故原因の増減は考えられますが、全体を見るとクラゲのリスクの高さが伺えます。

　クラゲは、私たち人に与える事故のほか、ボートのスクリューに引っ掛かって航行を困難にしたり、大量発生により漁業へ影響が出たりなど、さまざまな影響が知られています。
　大量発生の要因については諸説あり、気候やその変動に伴う海流の変動のほか、人間活動による汚染物質の影響など、さまざまなものがいわれています。

◎ 数十億の小さな針

　人間に対して影響の大きなクラゲから、ミズクラゲのようなあまり気にならないクラゲまでさまざまですが、**一般的には、触手に「刺胞」という毒を発射する小さな針のような器官を持ってい**

131

ます。「刺胞動物」というくくりで分類されていますが、この仲間にはサンゴやイソギンチャクも含まれています。

この刺胞はクラゲ一個体だけで数十億は存在するともいわれ、とても小さく、肉眼での確認は困難です。通常クラゲは、この刺胞を捕食のために役立てています。

こうしたクラゲの中で、特に危険なクラゲとして有名なのは、ハブクラゲやカツオノエボシ、アカクラゲです。

ハブクラゲは南西諸島、カツオノエボシは房総半島以南など、比較的南方系の暖かい海に生息しています。

◎ ハブクラゲ

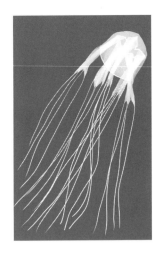

ハブクラゲの「ハブ」は毒ヘビの「ハブ」に由来するもので、その名の通り毒性が強いクラゲです。

沿岸域に生息しており、水深50cm程度の浅瀬にもいるため、海水浴場でも出遭う可能性があります。特に7〜8月に被害が多く報告されています。

クラゲの一般的な応急処置として、海水を使用する手法がありますが、**ハブクラゲに関しては酢をかけてから触手を除去するのが効果的とされています。**酢には、ハブクラゲの刺胞の発射を止める効果があるとされ、沖縄の海水

浴場では酢が常備されているところもあります。

ただし、酢がすべてのクラゲに使える応急処置用品というわけではないので注意してください。

◎ カツオノエボシ

カツオノエボシは、房総半島以南に生息するクラゲで、昔の帽子「烏帽子」に形が似ていることから、この名がついています。これは1匹の個体のように見えますが、実際は**小さな個体が集まって形成された「群体」と呼ばれるひとつの集団**です。

このクラゲは、刺胞が含まれる触手の長さがとても長く、最大で10〜50mにも及ぶとされています。

青いカツオノエボシの烏帽子状の本体部分は水面に浮くように存在しますが、これを見つけたら、なるべく距離をとるようにしたほうが安全です。

刺傷後、吐き気や呼吸困難などの全身症状が現れ、死亡した事例もある危険なクラゲです。

◎ アカクラゲ

日本各地にいるアカクラゲは、薄いオレンジ色と赤いスジの入った傘が特徴のクラゲで、触手は2m程度です。海岸に打ち上げられていることもありますが、**打ち上げられたものでも同様に被害を受けるので、触らないようにしましょう。**

時期的には春頃に見られ、潮干狩りや磯遊びなどでも見つかる可能性があります。

基本的にはハブクラゲやカツオノエボシに比べれば、毒性が強くはないとされます。しかし、重症化する場合がないとはいい切れないので、心配な場合は病院へ行きましょう。

〈応急処置の手順〉

1. 刺されたらすぐに陸に上がる
2. 海水を患部にかけながら触手を取る
3. 40〜45℃のお湯に浸すか、冷やす

(※ ハブクラゲの場合は酢を利用します)
(※ 毒性の強いクラゲの場合や、症状が重い場合は病院へ)
(※ 温めるか冷やすかは専門家でも意見が分かれています)

第7章　海・水辺に潜む危険生物

33 海の危険魚類代表 『ゴンズイ』

◇ 分　類：魚類（ゴンズイ科）
◇ 分　布：本州中部以南
◇ 大きさ：20cm 〜 30cm 程度

　ゴンズイは、本州中部以南の暖かく浅い海に生息し、背びれと胸びれに毒のトゲを持つ魚です。
　身近な海でも、ちょっとした岩場や、港などでも見つけることができます。成魚は単独で生活しますが、幼魚は集団で群れを形成する性質があります。**「ゴンズイ玉」と呼ばれる幼魚の群れは有名な光景**です。

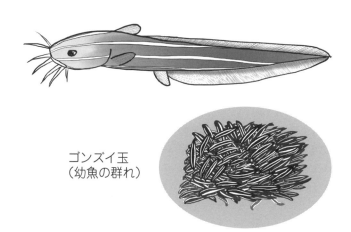

ゴンズイ玉
（幼魚の群れ）

135

◎ **体表面にも毒が**

海水浴やシュノーケリングだけでなく、釣りをしていて出遭うことも珍しくなく、誤って釣れてしまったときは要注意です。知らずにつかんでしまったり、釣り針を外そうとしているうちに刺される被害に遭う可能性があります。

死に直結するような毒ではありませんが、刺されるとズキズキとした痛みや腫れに悩まされます。

体表面の粘膜にも毒成分が含まれているので、手に傷があったりすると、触るだけでも影響が出る恐れがあります。

◎ **お湯で温める**

万が一刺されてしまったら、すぐにきれいな水で傷口を洗浄します。

そのあとは火傷しない程度のお湯（40～45℃）に患部をつけると、痛みが緩和されていきます。

トゲが刺さって取れない場合や、痛みがひどい場合は、無理せず医師の診察を受けてください。

第7章 海・水辺に潜む危険生物

34 強い毒を持つ海の危険生物 『ヒョウモンダコ』

◇ 分　類：軟体動物（マダコ科）
◇ 分　布：房総半島以南
◇ 大きさ：15cm 程度

　ヒョウモンダコは、フグと同じテトロドトキシンを持っており、咬まれると命にかかわることもある大変危険な生物です。

　その名の通りタコの仲間で、生物学的には軟体動物に分類されます。本州以南の暖かい海に生息していますが、最近は北上の傾向があるとされています。

◎ 模様の色が変わる

　「ヒョウモン」とはヒョウ柄の模様のことですが、その名を連想させる青いリング状、または線状の模様が特徴のタコです。**警**

137

戒状態でない場合は、この模様があまり目立たず、「かわいいタコがいた」と思って捕まえたら咬まれたという**事故例も報告されています。**

　大きさは5〜15cm程度と小柄で、普段はサンゴ礁や岩の隙間に隠れていることも多いので、あまり見かけることは少ないかもしれません。もし見つけたときに触ったり、不用意に岩の隙間に手を入れたりなどして咬まれると大変です。

◎ 短時間で死に至ることも

　フグ毒と同じテトロドトキシンの影響で、咬まれて数分もすると、しびれやめまい、言語障害などを引き起こします。重症例では、15分程度で呼吸困難や全身麻痺、1時間半程度で死亡した例もあります。

　咬まれても毒が入らなかった例もあるようですが、そもそもタコは貝なども食べることができる生物です。貝を砕く口の持ち主なので、毒がなくとも咬まれると大変です。**基本的にタコを素手でつかむことがないようにするのが大切です。**

　水中で咬まれた場合は、麻痺して溺れてしまうのを防ぐため一刻も早く陸に上がり、救急車を要請します。きれいな水で傷口を洗うことで応急処置を行う方法もありますが、応急処置に時間を取られて救急車の要請が遅れてはなりません。

　強い毒の持ち主なので、咬まれた場合は症状の有無に限らず病院へ行くようにしましょう。

第7章 海・水辺に潜む危険生物

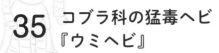

35 コブラ科の猛毒ヘビ『ウミヘビ』

◇ 分　類：爬虫類（コブラ科）
◇ 分　布：房総半島以南
◇ 大きさ：60cm〜150cm（程度）

　ウミヘビは、海に生息するヘビの仲間として有名ですが、コブラ科に含まれているヘビであることはあまり知られていないかもしれません。

　日本に生息するコブラの仲間には、南西諸島の陸上に生息するハイやヒャン、イワサキワモンベニヘビのほかに、ウミヘビの仲間がいます。

　ウミヘビといってもさまざまな種類が含まれますが、コブラ科に含まている彼らの毒は大変強力な部類に入ります。

卵は陸地で産むよ

◎ 温厚だけど咬まれたらかなり危険

ウミヘビの仲間は基本的に温厚な性質のものが多く、咬まれる事故自体が起こることは少ない生物です。しかし、万が一にも咬まれて毒が入った場合には、その強力な毒で重症化し、死に至る可能性すらある大変危険なヘビといえます。

毒の基本的な成分は神経毒で、神経系の麻痺を起こさせ、呼吸不全などの症状を引き起こす可能性があります。また、タンパク質を溶かす出血毒成分も同時に含まれるため、筋肉や皮膚の壊死も引き起こし、死に至らなくとも入院は必須となります。

ウミヘビは主に沖縄周辺の島々でのダイビングや釣りなど、海のレジャー中に出遭う可能性がある生物です。もし遭遇しても、決して触れたり、ちょっかいを出したりしないようにしてください。

ウミヘビといっても、常に海の中にしかいないわけではなく、テトラポットの隙間や岩場などで休んでいることもあります。必ずしも海中でなければ出遭わないわけではないことも、頭に入れておきましょう。

咬まれたときに、水で洗うことも応急処置として効果が期待できますが、基本的にウミヘビに咬まれたら、とにかく早く病院へ行くよう努めてください。

第7章 海・水辺に潜む危険生物

36 危険生物と呼ばなくても……
『アマガエル』

◇ 分　類：両生類（無尾目アマガエル科）
◇ 分　布：北海道 本州 四国 九州
◇ 大きさ：22mm 〜 40mm 程度

アマガエルは古来から有名で、日本では最も身近なカエルといえるでしょう。

周りに合わせて体の色を変えられる

◎ 足に吸盤がついている

足の指には水かきがついていますが、カモの足などと比べるとサイズは小さめで、はっきりついているようなつくりではありません。

その代わりというのはなんですが、**足の指先には吸盤がついていて、つるつるのガラス面などでも、くっついて登ることができます**。自然界ではこの吸盤を活かして、表面がつるつるの葉っぱ

の上でも、円滑に歩くことに役立っています。

　体の色合いには青っぽいものから灰色っぽいものなどさまざまな変化がありますが、これはカエルの周辺の環境に応じて色を変える能力のおかげです。

　普段は、こうした性質を活かしながら小さな虫などを食べており、5〜6月に繁殖・産卵をしています。ちょうど梅雨近くが彼らの繁殖期なので、この頃に聞こえるオスの鳴き声やアマガエルの姿は、日本の風物詩といった感じです。

　こうした雨の季節によく目立って鳴くことから、「雨蛙（アマガエル）」と名づけられたとされています。

◎ 危険性はほとんどない

　このアマガエルは体表面に毒を持っています。もっともそれは微毒で、アマガエル自身が体を守るためにあるものです。触っただけでは被害を受けることもなく、特に怖がる必要はありません。

　しかし、触った手で目をこすったりすると、痛みを起こすことがあります。 アマガエルの毒で失明に至った事故例はなさそうですが、微細ながらダメージとなることは確かです。触った手で目をこすったり、口に入れたりするのは避けたほうがいいでしょう。

　もしも目に入るなどした場合は、綺麗な水でよく洗い、炎症や痛みがひどい場合は病院で診てもらうようにしてください。「動物に触ったあとは手を洗う」。これだけで防げるので、アマガエルを怖がる必要はありません。

第7章 海・水辺に潜む危険生物

37 日本のカエル毒では最強!?
『ヒキガエル』

◇ 分　類：両生類（無尾目ヒキガエル科）
◇ 分　布：日本全国
◇ 大きさ：13cm 程度

　ヒキガエルは、いわゆる「ガマガエル」や「イボガエル」などとも呼ばれている大型のカエルです。

　国内の在来ヒキガエルは、東日本のアズマヒキガエル、西日本のニホンヒキガエルのほか、本州中部のナガレヒキガエル、宮古島などのミヤコヒキガエルの4種がいます。

　現在は、これに加えて、特定外来生物にも指定されている、アメリカ原産のオオヒキガエルという大型のヒキガエルが、小笠原や石垣島などに分布しています。

143

◎ ブフォトキシンを分泌

彼らは、**目の後ろに耳腺と呼ばれる毒を出す腺を持っており、そこから乳白色の毒液を分泌する**ことができます。水鉄砲のように飛んでくることはありませんが、カエルを触った手で目をこすったりすると、しみたり、炎症を起こしたりすることがあります。

この毒にはブフォトキシンと呼ばれている成分が含まれており、多量に摂取した場合は幻覚や、心臓発作を引き起こす可能性があるとされています。

日本の毒ヘビのひとつであるヤマカガシは、このヒキガエルを捕食することでブフォトキシンを体内に蓄え、防御用の毒として使用することでも知られています。

◎ マムシよりも強い毒

ヒキガエルを触り、毒が手についたくらいであれば、洗えば問題ありません。毒がついた手で目をこする、物を食べるなどの行為を行わないようにしてください。

このヒキガエルの毒は、同じ量であればマムシよりも強い毒です。ヒキガエルを食べたり舐めたりすることはないかもしれませんが、そうした行為は危険です。

万が一、目や口に入った場合は、きれいな水でよく洗い、体に違和感がある場合は、早めに病院で診察を受けたほうがいいでしょう。

第7章 海・水辺に潜む危険生物

38 ペットとしても人気 『アカハライモリ』

◇ 分　類：両生類（有尾目イモリ科）
◇ 分　布：本州 四国 九州
◇ 大きさ：10cm 程度

　ペットショップでも時折売られているのを見かける、腹の赤いイモリが「アカハライモリ」です。

　野生の個体は、都市部で生活をしているとまず見ることはなく、郊外の自然豊かな田園地帯で条件がいいと見かけることができます。

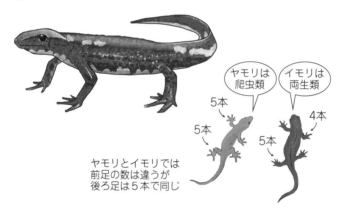

◎ **ヤモリとイモリの違い**

　ところで、皆さん、ヤモリとイモリの違いはご存じでしょうか。

　ヤモリは、家の壁などで見かけることがあり、害虫を食べてくれることから「家守（やもり）」と名づけられた爬虫類です。

145

イモリは、水中に生息する生物で、井戸を守るという意味から「井守（いもり）」と名づけられた両生類です。

ヤモリはトカゲに近く、イモリはカエルに近い存在です。お間違いなく。

◎ **フグと同じ毒を盛っている**

ペットとしても親しまれるアカハライモリですが、その体表面には、フグ毒と同じテトロドトキシンと呼ばれる毒を持っています。とはいっても、ちょっと触ったくらいでは、特に害はありません。

ただ、**つかみ続けているとヒリヒリとした感覚を覚える方もいるようです**。子どもたちが、このイモリを見つけて持って帰ろうとつかみ続けた結果、ヒリヒリとした痛みを覚えるといったケースもあります。

カエルと一緒で「生き物を触ったらちゃんと手を洗う」ことを徹底すれば、簡単に対処ができる生物です。

怖がる必要はありませんが、毒を持っているということを知っておくといいですね。

第8章
外国から入ってきた危険生物

近年、海外から日本に入ってきたヒアリやセアカゴケグモなどの外来種が、時折ニュース番組などでも取りざたされ、話題にのぼることがあります。

　こうした外来種は、なにも最近侵入がはじまったわけではなく、昔から何かしらの理由によって日本へ侵入してきました。例えば、有名なアメリカザリガニやブラックバスなどは、1920年代に侵入。今から約100年も前にすでに入っているのです。
　ちなみに、アメリカザリガニは食用のウシガエルのエサとして持ち込まれ、ブラックバスは釣りの対象や食料として入れられたといわれています。

　昔は外来種を入れることによる問題意識が今よりも薄く、食料や娯楽の対象として、野外に放されることがありました。持ち込まれた生物の中には、環境が合わずに日本で生きていけなかった生物もいるかと思いますが、強い生物の場合は、日本にもともと生息していた在来種を押しのけて定着し、日本の自然環境に対してさまざまな問題を起こしてきたものもたくさんいます。
　外来種の被害として考えられているものは、主に「在来生態系への影響」「人に対する咬傷などの被害」「農林水産業などへの影響」の3つです。
　アライグマやカミツキガメなど、農業被害や咬傷被害などを起こす可能性がある種は、人にとって被害らしい被害が発生することから問題が意識されやすいです。一方で、外来のクワガタムシなどは、在来種との雑種が発生するなど、自然環境に対して影響

を及ぼすものの、私たちの普段の生活に直接的に影響が出ないことから、一般的には気がつかれにくいです。しかし、こうしたことが続いていくと、日本の生態系にとって良くないのはもちろん、予想もしない形で、私たちにツケが回ってくる可能性もあるため、決して軽視できる問題ではありません。

こうした外来種による既存の生態系への影響や、人に対する何かしらの被害が浮き彫りとなってきて、ようやく外来種問題として取りざたされる時代が訪れました。そして、2005年、「特定外来生物による生態系等に係る被害の防止に関する法律」、通称「外来生物法」が誕生したのです。……が、一方で、今も外来種は増え続けているというのが現状です。

ここでいう外来種とは、「人の手によって"人為的"に持ち込まれた生物」のことを指しています。

もともと、本来の生物は、新しい土地を目指して自ら分布を拡げることによって、遺伝子や種の多様性を生み出してきました。しかし、こうした分布の拡大は、山や海など、どうしても越えられない壁が立ちはだかるもので、違う土地に移っていくには、何十年……、何百年……、何世代……と、途方もない時間と世代交代の上で成し遂げられていくものです。

本来は、こうした長い時間や世代交代の間に、バランスのいいシステムがつくられ、理想的な生態系が構築されていきます。

しかし人は、産業革命以降、船や、飛行機、列車などといった、短時間で長距離を移動できるものを発明してきました。通常の生

物で考えたら、「ありえない移動」です。

こうした短時間での長距離移動を可能にした人が、ほかの生物を持ち込むことによって、その生物は普通では移動できなかった場所や、時間がかかった場所に、一瞬で入ってきてしまうことになります。これが、問題の種です。

こうした「ありえない移動」の結果、今、各地でさまざまな問題が引き起こされているのです。

ここでは、こうした外来生物の中で、近年話題となっている危険生物を8種ご紹介します。

ニュースで耳にしたことがあっても、知っているようで知らない面がたくさんあるかと思います。

彼らはただ人に運ばれただけ……。彼らに罪はありません。「人の都合によって運ばれ、人から悪者扱いされてしまう」という大変悲しい事態です。

こういった事例をこれから増やすことがないよう、どのように入ってきたのかを知るのは、大切なことだと感じています。

ぜひ、この機会に、彼らの知識を身につけておいてください。

第8章 外国から入ってきた危険生物

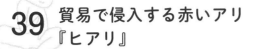

39 貿易で侵入する赤いアリ『ヒアリ』

◇ 分　類　：昆虫（ハチ目スズメバチ上科アリ科）
◇ 自然分布：南米
◇ 大きさ　：2.5mm 〜 6mm 程度

　ヒアリは、もともと南米に生息し、ハキリアリやアルゼンチンアリとも分布域が重なるアリです。

　日本では、2017年の侵入以降はもちろんのこと、それ以前からも、「侵入すると大変だ！」と騒がれてきましたが、原産国ではそれほど目立ったアリではないといわれます。

　ほかのアリとの競合も多く、生態系のひとつの種として生存するため、あまり気にならないのでしょう。プロ野球選手が草野球チームに入ったら大ごとですが、プロ野球選手がプロ野球の球団にいても、それが普通であるのと同じです。

◎ 他国では脅威に

　ヒアリは20世紀の貿易が盛んとなるグローバル化の発展にともなって、世界中に分布が拡大したアリです。もともとは南米に生息していましたが、20世紀前半に北米へ侵入し、以後21世紀に入ってオーストラリア、ニュージーランド、中国、台湾と分布を拡げ、2017年6月13日に日本の兵庫県尼崎市で国内初確認となりました。

　以後、東京、神奈川、埼玉、静岡、愛知、大阪、京都、岡山、

広島、福岡と確認されましたが、2019年春現在、日本への定着は確認されていません。**もしもヒアリに遭遇することがあれば、すぐに行政へ報告し、国内への定着を防ぐ必要があります。**

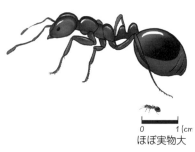
ほぼ実物大

　他国に侵入したヒアリは、草野球チームに乱入したプロ野球選手のごとく、外来種として大変な猛威を振るってきました。その高い攻撃性と食性で、人間社会だけでなく、在来生物に対しても、大きな影響が出たのです。

　ヒアリの話題は、有名なレイチェル・カーソンの『沈黙の春』（新潮社）にも登場しています。1965 〜 1975年の間、ヒアリに効果があるとして「マイレックス」という薬を使用しましたが、ヒアリ以上に他のアリが著しく減少し、競合がいなくなった空間を利用することでヒアリの数が激増し、その後世界規模の大害虫になったといわれています。

　20世紀前半に北米に侵入して以来、今現在も根絶できていないことを考えると、一度定着したら根絶が大変困難な種であることを物語っています。

◎ なぜそんなに拡がる？　ヒアリのコロニーのひみつ

　日本の真社会性のハチ、例えばスズメバチを考えると、「1匹の女王バチと多数の働きバチ」という構成でできていることがわか

ります。スズメバチなどの場合、このつくりがスタンダードです。

しかし、ヒアリの場合は、2つのパターンがあります。それは、1匹の女王アリからなる「単女王制」のコロニーと、数匹の女王アリからなる「多女王制」のコロニーです。それぞれのコロニーから生まれた女王は遺伝子型によってどちらの性質を持つかが決まり、巣別れして新たなコロニーをつくり出し、生活を送っていきます。

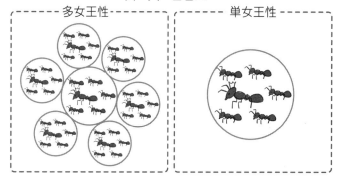

2つの女王性とスーパーコロニー

日本のほか、海外に進出していったのは「多女王制」のヒアリだといわれています。

貿易の際、船の重さを調整するために土を入れたり、さまざまな物資に含まれたりして土が船に乗ることがあります。その際、「単女王制」ではランダムに土が採取されたときに女王が入ってくる可能性は低いです。しかし、**「多女王制」では女王がコロニー内に散在しているので、「女王と働きアリ」という組み合わせで採取してしまう可能性が高まります。**

こうすると、コロニーごと移動させることになるため、移入先

で定着できる可能性が格段に高くなってしまうのです。

◎ ハチと同じアレルギー症状を起こす可能性がある

ヒアリは、塚状の巣を刺激すると、集団で這い上がって攻撃をしてきます。

ヒアリはソレノプシンと呼ばれるアルカロイド系の毒を持っていますが、通常アルカロイド系の毒というのは、植物や微生物が主に持っているタイプの毒です。例えば、ニコチンやコカイン、カフェインなども、アルカロイド系の物質です。

フグが持つテトロドトキシンもアルカロイド系ですが、フグは体内でこれを自己合成することはできず、エサから毒素を得て、溜めて使っています。通常はこのように、動物がアルカロイド系の物質を持つ場合、エサから得ている場合が普通です。

しかし、**ヒアリはアルカロイド系の毒素を、自己合成することができるシステムを持っています。**これにより、エサに頼る必要がないため、移入先で無毒ヒアリがつくられることはありません。

ヒアリはハチと同様に腹部に針を持っています。ヒアリに刺されると痛みや水ぶくれを引き起こします。ミツバチに刺された場合、入ってくる毒タンパクの割合は約10〜40%とされますが、ヒアリの毒のタンパク質成分はほとんどなく、一刺しで入ってくる毒タンパクは毒量全体のわずか0.1%といわれています。量的には、ヒアリに50カ所刺されても、ミツバチの1,000分の1程度にしかなりません。にもかかわらず、**ヒアリの毒はハチに劣らぬアレルギー反応を起こす場合があり、強力なアレルゲンとしても働くことがわかっています。**

第8章 外国から入ってきた危険生物

40 農業を支えた外来種『セイヨウオオマルハナバチ』

> ◇ 分　類：昆虫（ハチ目ハナバチ上科ミツバチ科）
> ◇ 自然分布：ヨーロッパ
> ◇ 大きさ　：10mm〜20mm程度

　ミツバチやマルハナバチなど、花の資源を利用するハナバチの仲間は、私たち人の暮らしの中に、さまざまな食料を提供してくれています。

　ミツバチが生産するハチミツやローヤルゼリーはもちろん、花粉を運んでくれることによってつくり出してくれる農業生産物の数は計り知れません。

　授粉してくれる代表的なものとしては、ミツバチの場合はイチゴ、マルハナバチの仲間はトマトやナスなどのナス科植物などです。

ほぼ実物大

155

◎ **農業のために導入したハチ**

ハナバチ類が花粉を運んでくれることによって生産される私たちの食料は、全体の3割ともいわれ、人の暮らしにとって、どれだけ重要性が高い生物であるかがわかります。

そんな授粉を支える生物として導入されたのが、このセイヨウオオマルハナバチです。

導入が開始されたのは1991年。それまでトマトが実をつけるためにホルモン剤スプレーをかけるという作業をしていました。その労力の省力化を目的に導入されたセイヨウオオマルハナバチは以後、必要不可欠な存在となりました。

しかし、**ビニールハウスから野外への逃亡個体が野生化し、北海道では定着してしまったのです。**

野生化したセイヨウオオマルハナバチは、ネズミの古巣などを利用して、地中に巣をつくります。ひとつの巣の規模は、働きバチの数が平均1,000匹程度までふくらみ、そこから年60匹以上の新女王バチが生まれてきます。

セイヨウオオマルハナバチが定着したことで、日本固有の植物の繁殖に影響が出たり、在来のマルハナバチと営巣場所やエサの取り合いや、生殖的な攪乱などの影響が現れ、2006年に特定外来生物に指定されました。

まさに人の手よって運ばれ、人によって特定外来生物に指定されるという悲しい現実の中にいるハチです。

現在は、授粉作業を在来種のマルハナバチに置き換えるなどの

対応が練られているほか、セイヨウオオマルハナバチを利用飼育する場合は、逃亡防止策をとった上で許可を得る必要があります。

◎ 応急処置は、流水で傷口を絞り洗い

刺された場合の応急処置は、ほかのハチ類に対する方法と同様です。

少しでも毒のダメージを減らすために、流水で傷口を洗います。水洗いは、傷口を絞るようにして行うと効果的とされています。水溶性であるハチ毒の希釈効果と、冷却効果が応急処置の効果として期待できます。冷却することで痛みをかなり緩和できるので、冷やしつつ、よく洗ってあげてください。

次に抗ヒスタミン軟膏を塗布します。

その後、氷や保冷剤を利用して患部を冷やし、全身症状が出ないかどうか様子を見るようにしてください。

必要に応じて病院へ行きましょう。

41 韓国から侵入した外来種『ツマアカスズメバチ』

◇ 分　類　：昆虫（ハチ目スズメバチ上科スズメバチ科）
◇ 自然分布：インドネシア パキスタン インド 中国など
◇ 大きさ　：20mm ～ 26mm 程度

　ツマアカスズメバチはもともとアジア地域に生息していたスズメバチで、英語名では「Asian black hornet」と呼ばれており、体に黒い部分が多いハチです。

　なお、日本に来たのは亜種であるため、おしりの先端（ツマ）が赤くないタイプです。ややこしいですね。

ほぼ実物大

◎ 巨大な巣と群れ

　自然分布では中国などに生息していましたが、2003年に韓国へ侵入し、そのあと、2012年に日本の対馬に上陸したと考えられています。

侵入の原因は、おそらく貿易に使用された木材などに越冬中の女王バチが入っていて、そこから拡がったのではないかといわれています。このスズメバチの体の大きさは在来のキイロスズメバチに近いサイズですが、**巣の大きさは突出して大きく、幅が約80cm、長さは大きくなると2mにも達するほどで、キイロスズメバチの巣の2倍ほどの大きさです。**

私自身も対馬で実物を見ましたが、その大きさには驚きました。この巣のサイズは日本のどのスズメバチにも勝るサイズで、中にいる働きバチの数も 2,000 匹以上となります。日本のオオスズメバチでも 200 〜 300 匹、キイロスズメバチでも 800 〜 1,400 匹程度なので、比較すると、その規模の大きさは一目瞭然です。

現在は、対馬のみの定着で、本土への定着は確認されていませんが、2015 年には福岡県、2016 年には宮崎県で侵入が確認されています。

定着は抑えられているものの貿易を続けている限り、今後も侵入は起こりうるでしょう。定着をさせない対策が求められています。

刺された場合は、ほかのスズメバチと同じように、痛みや腫れが引き起こされます。アレルギー性の全身症状につながる場合も考えられますので、ほかのスズメバチと同様の応急処置や対応が求められます（36 〜 39 ページ参照）。

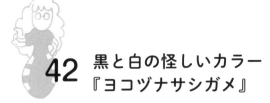

42 黒と白の怪しいカラー
『ヨコヅナサシガメ』

◇ 分　類：昆虫（カメムシ目サシガメ科）
◇ 自然分布：インド 中国など
◇ 大きさ ：16mm～24mm程度

　ヨコヅナサシガメは、亀ではなく、カメムシ目サシガメ科に含まれる昆虫で、もともと日本には生息していなかった外来種です。

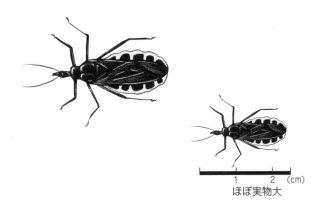

ほぼ実物大

◎ **身近に住みついた外来種**

　カメムシの仲間であるサシガメのグループには、山地で見られるものから住宅地近くで見られるものまで、さまざまな種類があります。

　ヨコヅナサシガメは、こうしたサシガメの中でも最も人に近い環境で生活している種類のひとつで、住宅地近くの公園や街路樹

で出遭うことの多い危険生物といえます。

　自然分布では、もともとインドや中国などに生息していた昆虫で、日本ではじめて発見されたのは1928年の九州とされています。それ以降、爆発的な分布拡大は見られていなかったのですが、1990年代になって関東地方への分布の拡大が確認されました。

　現在は関東地方や甲信越地方から九州にかけて広く分布するようになり、私たちの生活する住宅地などでも目撃できるほど、身近な存在となっています。

◎ ニオイは出さないカメムシの仲間

　カメムシの仲間は「口が針状」という共通の特徴があります。木に刺して樹液を吸うセミや、草の汁を吸うアブラムシ、魚やオタマジャクシを捕まえて体液を吸うアメンボなども、カメムシの仲間に含まれます。

　カメムシというと外敵を撃退することを目的とした臭いニオイを出すイメージが強いですが、すべてのカメムシがこのニオイを発するわけではありません。実際セミは出しませんし、このヨコヅナサシガメも、"あの臭いニオイ"を出さないカメムシです。

　ヨコヅナサシガメは、アメンボのように、ほかの生物を捕食する肉食性です。獲物に気づかれないようにそっと近づいていき、ガッと捕まえて針状の口を刺し、消化液を相手の体に注入して、消化された肉をジュースのように吸います。

　我々が、ヨコヅナサシガメを危険生物と考える場合、この口が

問題となります。しかし通常は、触れなければそんなに危険なことはありません。人の血をエサとすることもありませんし、ハチのように自己犠牲的な激しい攻撃を仕掛けてくることもありません。

　事故が起こるほとんどの要因は、触れたり、つかんだりしたときです。**誤って触れたり、つかんだりすると、彼らは防御のために針状の口を刺してくることがあります。**

◎ 見つけやすいのはサクラの木

　毎年春になると満開の花を楽しませてくれるサクラの木ですが、ヨコヅナサシガメは、そんなサクラの木によく潜んでいます。

　暖かい日には木の幹を歩いている様子なども見られます。寒いときなどはサクラの老木によくある"くぼみ"に潜み、身を寄せ合って集団でいる様子も観察することができます。

　このサシガメは、**黒い体に白や赤の模様という、なんとも怪しい感じの色合いをしています。**脱皮直後の個体は、全身が真っ赤で、樹皮の上でもよく目立ちます。

　子どもたちが昆虫採集をしているときでも、ふと目に入りやすく、発見しやすい昆虫です。

　ヨコヅナサシガメは、このように木の上を生活の舞台とし、そこにくるチョウやガの幼虫などの小型昆虫などを捕食して生活しているのです。

◎ 触れないことが事故予防

前述の通り、ヨコヅナサシガメはこちらから触れたりつかんだりしなければ、攻撃されることはありません。

見ている分には問題ない虫なので、ちょっかいを出さないことが一番の事故予防です。

ただし、ふと手を置いた樹皮や柵などにこの虫がたまたまいて、刺されてしまうというケースも考えられます。

基本的に重篤な症状につながることはない生物ですが、万が一刺された場合は、当然痛みを覚え、同時に腫れの症状も引き起こすでしょう。

応急処置として水洗いと抗ヒスタミン軟膏で対応し、痛みや腫れがあまりにもひどいようであれば、病院で診察を受けたほうが賢明です。基本的に命を落とすような事故にはつながらない生物ですが、身近なだけに要注意ですね！

43 オーストラリアから侵入した毒グモ『セアカゴケグモ』

◇ 分　類　：クモ（ヒメグモ科）
◇ 自然分布：オーストラリア
◇ 大きさ　：4mm～10mm 程度

　セアカゴケグモは、1995 年、日本の大阪ではじめて定着が確認された毒グモです。
　すでにアメリカや東南アジアなどに分布を拡げているクモですが、もともとの生息地はオーストラリアの亜熱帯地域であると考えられています。
　毒グモですが、オーストラリアではキャラクターとしてグッズも販売されている存在のようです。

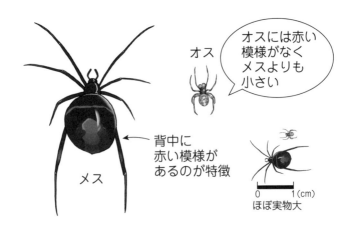

◎ 狭いところが大好き

よくいる場所としては、プランターの裏や自動販売機の下、カラーコーンの下などの狭い隙間で、そこに立体的な巣を張って生活をしています。こうした性質が、貿易物資や輸送物資の荷物の中に紛れやすく、それが原因となって各地へ拡げられているものと考えられています。

2014年には、東北、北陸地方でも分布が確認され、2015年には北海道、新潟、島根、大分と、着実に分布を拡大しました。道路工事や、災害復旧工事など、あらゆる工事で物資を移動することで、分布を拡げたものと考えられています。

このセアカゴケグモは、彼らがいるプランターの下などにいきなり手を突っこむと、咬まれることがあります。クモ側から好んで襲ってくることはなく、こちらが注意することで事故予防ができます。

◎ 咬まれても落ち着いて病院へ

在来のほかの毒生物と比較して特別にリスクが高い生物かというと、そういうわけではありませんが、咬まれれば針に刺されたような痛みを感じ、毒の影響も受けるので知識を頭に入れておくと安心でしょう。

海外では死亡事例もあるクモですが、「咬まれる＝死」と、必ずしも直結するわけではありません。

応急処置としてすぐにできることは、水洗いと冷却です。非ステロイドの薬では効きにくいともされていますので、病院で診てもらったほうが賢明でしょう。

44 アメリカから移入されたペットのカメ『カミツキガメ』

◇ 分　類　：爬虫類（カミツキガメ科）
◇ 自然分布：アメリカ大陸（カナダ〜エクアドル）
◇ 大きさ　：甲羅の大きさで最大50cm程度

　カミツキガメはもともと、カナダからエクアドルまでのアメリカ大陸の幅広い地域に生息するカメで、日本への侵入の歴史は古く、1960年代といわれています。

◎ アメリカから移入されたペット

　もともとはペットとして輸入され、飼育されていたものが大きさや性格などが理由で飼えなくなって外に放され、それが野生化して今に至っています。

　貿易で入ってきてしまったものとは異なり、カミツキガメの場合は、人が飼育していたものが遺棄されたのが原因です。

　「ペットを放してはいけない」

今でこそ知れ渡ってきましたが、それが知れ渡る前には、「うちの狭い水槽にいるよりも外で暮らしているほうが幸せだよね」と放されたのです。

一時的には生き物に対しての優しさのつもりで行ったのかもしれませんが、長期的に見れば自然界に対しては決して行ってはならない行為です。

外来生物の中には、セアカゴケグモのように日本の環境（気候）が変化したことが、亜熱帯〜熱帯性の生物が定着できるようになった原因ではないかと指摘されるものもいます。しかし、カミツキガメの場合は、もともといた地域が幅広く、**日本の気候区分では、ほとんどの地域で生活が可能であり、繁殖も越冬もできてしまう**と考えられています。

東京、神奈川、千葉、静岡、大阪などで繁殖が確認されたり、繁殖の疑いがあったりしています。

◎ 物理的な怪我に注意

水中に生息しているため、漁具の破損や、人に対しての咬傷が心配されています。万が一咬みつかれた場合は、毒ではなく物理的な怪我を負うため、患部の洗浄と止血をし、病院で診察を受けるのが賢明でしょう。

ただし、水場に生息するため、普段の生活で出遭うことは少ないかもしれません。

45 もともとは食用のカタツムリ『アフリカマイマイ』

◇ 分　類：軟体動物（アフリカマイマイ科）
◇ 自然分布：東アフリカ
◇ 大きさ　：最大で殻の大きさが 15cm

　今問題となっているアフリカマイマイの起源は、シンガポールから台湾に持ち込まれた、たった 12 匹の個体です。

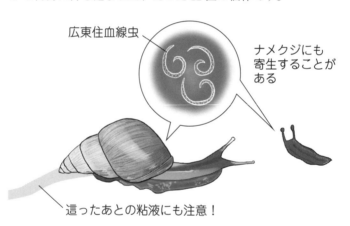

広東住血線虫
ナメクジにも寄生することがある
這ったあとの粘液にも注意！

◎ 食用として持ってきた

　アフリカマイマイは、もともと 1930 年代に食用として導入されたもので、かつては養殖されていた歴史もあります。しかし、**時代が進むにつれ食べられることは少なくなり、野外に逃げ出したものが定着し、現在に至っています。**

　自然分布域では亜熱帯〜熱帯の気候で生活しているカタツムリ

のため、現在定着しているのは南西諸島や小笠原と、鹿児島県に限られています。しかし、今後の気候の変動によっては、分布拡大も懸念されるため、注意が必要です。

普通のカタツムリと比べるとかなり巨大ですから、簡単に見分けられます。

◎ 危険なのは寄生虫

アフリカマイマイの危険性は、アフリカマイマイ自身ではなく、彼らの中に寄生する「広東住血線虫」と呼ばれる寄生虫です。

広東住血線虫は、オーストラリア、太平洋諸島、アフリカ、インド、北米などに広く分布する寄生虫で、主にネズミを介して拡がります。**脳障害を引き起こし、昏睡状態や死亡事例もある、恐ろしい病気です。**

アフリカマイマイを触った手で物を食べたり、アフリカマイマイが這って粘液がついた生野菜などを食べたりすることで、感染する可能性があります。見つけても素手で触らないほか、（ないかもしれませんが）生食することもしてはいけません。

なお、アフリカマイマイに限らず、ナメクジにも同じ寄生虫がいる場合があります。あわせて覚えておくといいでしょう。

咬まれたり刺されたりするわけではないので、応急処置は「触ってしまったらしっかりと手を洗う」ことに尽きます。また、彼らの生息域の野菜はしっかりと洗うか、火を通すのも有効な対策です。

46 かつてはペットとして大流行『アライグマ』

◇ 分　類　：哺乳類（食肉目アライグマ科）
◇ 自然分布：カナダ南部〜パナマ
◇ 大きさ　：頭から胴体までの長さで40cm〜60cm程度

　アライグマは哺乳動物で、大きな分類ではツキノワグマやヒグマ、イヌ、ネコなどと同じ食肉目に分類されます。食肉目といってもクマと同様に雑食性の性質を持っており、完全な肉食動物ではありません。肉も植物も食べて生活しています。

◎ 雑食であることの強さ

　ネズミなどの小型の哺乳類や魚、鳥の仲間のほか、カエルなどの両生類に、ヘビなどの爬虫類、昆虫類など、肉だけでも幅広い動物をエサとすることができます。これに加えて、私たちが栽培する野菜類や果実、穀物なども食べるため、実に幅広いエサを利

用することのできる動物といえます。

　つまり、**公園や緑地帯に生息する昆虫などを利用できるのはもちろん、私たちが管理する作物のほか、捨てている生ごみなども利用しようと思えば利用できてしまうわけです。**

　住宅街や都市緑地は、彼らにとってエサが豊富な環境になっているのでしょう。

何でも食べる！

◎ **動物園から脱走した**

　貿易船にたまたま乗っていたヒアリなどの例とは異なり、アライグマは完全に人間の文化や好みが影響して移入しています。

　アライグマの本来の自然分布はアメリカの中部から北部にかけてで、現地でも人家の屋根裏や、木の洞、岩穴などを住み家として利用しているようです。

　分布の南限は中米のパナマで、北限はカナダ南部とされています。パナマの気候区分は亜熱帯気候で、カナダ南部は亜寒帯気候であることから、アライグマは実に幅広い気候区分の中でも、自らが利用できる環境をうまく選び出して生活できる能力があると考えられています。そのため「アライグマは環境適応能力が高い」なんてよくいわれています。

　こうした性質があることから、外来種としての移入時に、定着しやすかったのかもしれません。

日本ではじめて野生化したのは、1962年と記録されています。**発端は愛知県内の動物園とされ、ここから逃げ出したものが野生化したと考えられています。**

そのあと1970年代に入り、アニメ『あらいぐまラスカル』の効果もあってアライグマの飼育がブームとなったものの、飼育は大変困難を極め、飼い切れなくなった飼い主が野外へ放すなどして野生化。以後、日本各地で野生のアライグマが拡がり、現在に至っています。完全に人為的な移入です。

◎ アライグマによる被害

アライグマによる影響として挙げられるものとしては、「在来生物への競合や捕食」「農業被害」「牧畜被害」「感染症の媒介」などがいわれています。

どんな生物でもそうですが、もともといなかったところに新しく入ってくれば、限られた資源をめぐって競争が起こります。同じエサを利用する動物同士での競合や、住み家とする場所の競合など、同じ哺乳動物だけでなく、野鳥などの営巣にも影響が出ていると考えられています。

また、雑食性で、野菜や果実、穀物なども利用することから、農業においても害獣となります。牧畜においても、家畜が襲われたり、直接的に襲われなくともストレスを与えられたり、エサを取られたり、さまざまな影響が出る恐れがあります。

私たちが普段の生活において一番気になるのは、おそらく感染症でしょう。**狂犬病や、日本脳炎のほか、糞に含まれる線虫などによる影響も心配されています。**

　ただし、アライグマに限らず、かわいいウサギであっても、野生の動物であれば病気を持っている可能性はあります。どんな動物であれ、野外の動物に不用意に手を出したり、接触したりするのは、避けたほうが無難です。

　外にいるアライグマが向こうから人を探して、わざわざ襲い掛かってくるようなことはありません。咬まれるとすれば、弱っているものや、罠にかかっていて動けないアライグマにおもしろ半分で近づいた場合ではないでしょうか。

　万が一咬まれた場合は、咬まれた傷はもちろんのこと、感染症を負うリスクがありますので、患部の洗浄と止血を行いながら、病院へ行くようにしてください。

第9章
食べたり触ったりすると
危険な植物

「危険な植物」とは一体どのような植物でしょうか？

毒を持っている植物、トゲがある植物、かぶれる植物などさまざま挙げられますが、これらはすべて植物たちが生き残っていくための戦略のひとつです。

植物たちは自分の力で移動することができません。その代わり、大きく葉を広げることで光合成を行い、動かずとも自らの力で栄養をつくり出すことができます。しかし、動けないということは、葉などを食べる動物や虫たちや、病原菌から逃げることができないというリスクを伴います。

そこで、植物たちはそのような外敵から身を守るためにトゲなどの物理的な防御構造や、「自己防衛物質」を体の中につくり出しました。これが特定の生物に影響を与える毒成分です。森の中に漂い、森林浴で注目を集めた「フィトンチッド」と呼ばれる揮発成分も自己防衛物質のひとつです。これは、ラテン語で「フィトン＝植物」「チッド＝殺す」を意味する言葉です。フィトンチッドは微生物や昆虫から身を守るために樹木がつくり出しています。

もちろん、食用植物も自己防衛物質を持っています。例えば、トウガラシの辛みの成分や、ピーマンの苦み、山菜のえぐみもそのひとつです。人はそのような成分を「味」として愉しんだり、調理することによって毒成分を分解・希釈し食用にしたりしているのです。

また、私たち人は、植物の自己防衛物質を嗜好品としても利用しています。世界三大飲料として知られるコーヒー、ココア、紅

茶には「カフェイン」という植物の自己防衛物質が含まれています。これはもともと、アルカロイドという有毒になりうる成分のひとつで、ほかの生物から食べられないようにするために植物がつくり出したものです。

カフェインは、ニコチンやモルヒネによく似た化学構造をしており、同様に神経を興奮させる作用があります。それにより、カフェインを摂取すると眠気が覚めたり、集中力が高まったりするのです。

コーヒーを飲むとトイレが近くなる方がいると思います。これは体が毒性物質であるカフェインを感知し、排出しようとする働きによるものです。このように、毒が体内に入ると人の体は毒に対抗するためにさまざまな対処をします。その働きを利用したものが薬です。人は古くから植物の自己防衛物質を嗜好品、薬、調味料などさまざまに利用してきているのです。

ナス科のタバコに含まれるニコチンも、もともとは植物の自己防衛物質のひとつです。人がタバコやコーヒーに魅了され、やめられなくなってしまうのはこのような植物の「毒」によるもの。

「毒と薬は紙一重」。植物にとって身を守るために必要な物質であることに変わりはありません。人とって有害になる植物は「毒草」、有用な植物は「薬草」と呼び分けられているだけなのです。

ここからは、「毒草」と呼ばれる植物たちの、毒成分を利用した巧みな生き方と人との関係性についてご紹介します。

47 たわわな果実の誘惑
『ヨウシュヤマゴボウ』

◇ 分　類：ヤマゴボウ科ヤマゴボウ属
◇ 分　布：北海道 本州 四国 九州（北アメリカ原産）
◇ 大きさ：1m〜2m程度
◇ 症　状：腹痛・嘔吐・下痢など

　ヨウシュヤマゴボウ（別名：アメリカヤマゴボウ）は、1870年代に薬用として導入された植物です。北アメリカ原産で、鳥たちに果実を食べてもらい、フンとともに種子を落としてもらうことで全国に数を増やし、道端や空き地などのいたるところに野生化しています。

モリアザミの根と見分けがつきにくい

モリアザミ

◎ブリーベリーに似たおいしそうな果実

　目を引くビビッドな赤紫色の茎に、秋にブドウのように実る紫色の果実が特徴的で、その姿から「ヤマブドウ」と思われている方も多いですが、これはまったくの別物。おいしそうな果実も、根もすべてが有毒です。

　果実はつぶすと鮮やかな紫色をしており、この果汁が皮膚や衣

服につくとなかなか落ちないことからインクベリーとも呼ばれています。色水遊びにもよく使われる材料ですが、ブルーベリーのような姿に惹かれ、子どもたちが口にしないよう注意が必要です。

有毒でありながらおいしそうな果実をつけるために誤って食べてしまう可能性が高いほか、在来植物と競合することなどから駆除の対象になることもあります。

◎**根にも注意**

果実のほかに注意したいのが、根の誤食です。キク科のモリアザミ（食用）の根が「やまごぼう漬け」などの商品名で売られていることがあります。**ヨウシュヤマゴボウをこれと間違えて食べてしまい中毒を起こす事例が報告されています。**まったく別物ですが、植物名と商品名が似ていることで起きてしまった事故です。

ヨウシュヤマゴボウとモリアザミは葉や花の形がまったく異なりますが、根の形は非常によく似ています。冬の時期は葉や茎などの地上部が枯れてしまい、判別がより難しくなるため、一層の注意が必要です。

さらにややこしいことに、日本には「ヤマゴボウ」という植物も自生しています。こちらもヨウシュヤマゴボウ同様、有毒植物です。植物を採取するときには、名前だけに惑わされないように。

ヨウシュヤマゴボウに限らず、野草を口に入れたときに苦味や渋味を感じたら、すぐに吐き出しましょう。飲み込んでしまった場合は、応急処置としてすぐに吐き出させ、病院で医師の診察を受けてください。

48 可憐な白い毒の花『アセビ』

◇ 分　類：ツツジ科アセビ属
◇ 分　布：本州 四国 九州
◇ 大きさ：低木〜小高木
◇ 症　状：腹痛・嘔吐・下痢・けいれん・神経麻痺など

アセビは、ツツジの仲間で春に白く小さな鈴のような花が垂れ下がって咲きます。大きく成長すると幹がねじれ、縦に細かい裂け目が入ったような樹皮を持ちます。

成虫

幼虫

アセビを食べて
毒を取り込む
ヒョウモンエダシャク

◎ 人も動物も被害に遭っている

かわいらしい花を咲かせることもあり、公園や庭に植えられることもしばしばある身近な樹木ですが、動物がこれを食べたら大変です。

アセビは漢字で「馬酔木（あせび、あしび）」。これはアセビを食べた馬が毒によって酔ったようにふらついた様子に由来するといわれています。

　日本では、家畜のヒツジがエサに混入したアセビの葉を食べたことで死亡した事例も報告されています。また、**家畜だけでなくイヌやネコなど、ペットの散歩時にも気をつけたい危険植物のひとつです。**

　もちろん人が誤食した場合も、動物たちと同様に中毒症状が現れます。人は葉を食べることは少ないと思いますが、ハチミツでも中毒を起こす可能性があります。海外旅行のお土産品でアセビと同じ有毒成分を持つツツジ科の花をもとにつくられたハチミツを食べたところ、中毒症状が現れたという事例もあります。

　誤飲・誤食に気がついた場合は、すぐさま吐き出させ、病院で医師の診察を受けましょう。

◎シカは毒だと気づいていた

　アセビは、公園だけでなく森の中でも多く見ることができる樹木です。シカは毒を持つことを知ってかアセビを嫌い、ほかの植物を食べることで残されてきた結果、奈良公園ではアセビが多く見られます。

　さらに、アセビは周りの植物の生育を阻害する物質（アレロパシー物質）を出すため、アセビの木の下には、ほかの植物が育ちにくい傾向があります。古くは、このアセビの葉を煎じて殺虫剤に利用していたともいわれています。

◎ **あえて毒を好む生物**

このように人にも動物にも有毒なアセビですが、自然界にはアセビの毒を利用するものもいます。それは「ヒョウモンエダシャク」というガの仲間です。

ヒョウモンエダシャクの幼虫の食草は、アセビを含むツツジの仲間。**ヒョウモンエダシャクは、それらを食べることにより有毒成分を体内に溜めこみ、鳥に食べられないように身を守っている**のです。体の色も派手な黒い斑点を身にまとい、毒を持っていることをアピールしているのではないかと考えられています。

◎ **日本では古くから歌に詠まれていた**

有毒なアセビですが、日本人が古くから愛してきた造園植物でもあります。**日本最古の和歌集である「万葉集」には、アセビが詠まれた歌が10首あります。**

　吾背子に　わが恋ふらくは　奥山の　馬酔木の花の
　今盛りなり
　（詠み人知らず）

これは作者の恋する気持ちが、奥山のアセビの花のように美しく盛んに咲いている様子を詠んだもので、万葉の時代の人たちにとってアセビは美しく愛でる対象であったことが伺えます。

しかし、平安末期以降には有毒であることを詠ったものも登場しています。

みま草は　心して駆れ　夏野なる　茂みのあせみ
　　枝まじるらし
　　（藤原 信実）

　これは馬に食べさせる草を刈るときにはアセビが混入しないように注意すること、という意味が含まれた歌です。
　このように、日本人にとってアセビは「毒草」という意識が濃くなっていた時代もありました。

　明治時代になり、万葉主義が唱えられ、アセビは再び美しい花として詠まれるようになりました。

　　のぼり来し　比叡の山の　雲にぬれて　馬酔木の花は
　　咲きさかりけり
　　（斎藤 茂吉）

　アセビは毒草としての認識が強まった時代もありましたが、現在も万葉の時代も、私たち日本人を楽しませてくれる、強く愛らしい花なのです。

49 鮮やかに咲く平和の花
『キョウチクトウ』

◇ 分　類：キョウチクトウ科キョウチクトウ属
◇ 自然分布：インド北部原産
◇ 大 き さ：低木〜小高木
◇ 症　状：頭痛・めまい・嘔吐・けいれんなど（誤食）／
　　　　　かぶれ（樹液接触）

キョウチクトウはハワイで有名な白い花「プルメリア」の仲間で、夏になると白や桃色のきれいな花を咲かせる樹木です。

白、ピンク、黄色などの花を咲かせる

八重咲きの品種

◎ **丈夫な植物は「広島市の花」になった**

日本では、その美しさだけでなく、寒さ・暑さや大気汚染等に強いことから、緑化目的で高速道路沿いに植えられたり、さまざまな栽培品種が公園樹に利用されたりしています。

キョウチクトウはとても強い植物です。**1945 年、広島の原爆**

投下後の焦土で、75年間は草木も生えないといわれていた中、いち早く花を咲かせたのがキョウチクトウだったのです。そのことから、「広島市の花」に選定されました。鮮やかに開くキョウチクトウの花は、8月6日の平和記念日の頃、盛りを迎えます。

◎ BBQの串で中毒になった事故例

　葉はササのように細長く、葉脈が魚の骨のように横に整列し、1カ所から3枚の葉がつく特徴を持っています。特徴的な姿で、ほかに間違えやすい植物も少ないため、比較的容易に見分けられます。

　この葉は固く、とてもおいしそうには見えないので、口に入れることはないでしょう。ただし枝を**バーベキューの串として使用して中毒を起こした事例があります。**全草が有毒であるため、枝も葉も注意が必要です。

　スリランカなどでは、自殺を目的にキョウチクトウを服用する人が毎年数千人にのぼり、社会問題にもなっているそうです。

　さらに、枝葉を傷つけたときに出る乳白色の樹液も有毒であり、かぶれる可能性があるため、剪定の際などには注意が必要です。

　誤飲・誤食に気がついた場合は、すぐさま吐き出し病院で医師の診察を受けましょう。

　樹液に触れた場合は、すぐに水で洗い流し、抗ヒスタミン軟膏を塗っておくといいでしょう。腫れやかゆみがある場合は、患部を冷やし、ひどい場合は病院を受診してください。

50 墓場を彩る不吉な花『ヒガンバナ』

◇ 分　類：ヒガンバナ科ヒガンバナ属
◇ 分　布：本州 四国 九州
◇ 大きさ：30cm 〜 50cm 程度
◇ 症　状：嘔吐・下痢・神経麻痺など

　ヒガンバナは、「地獄花」「死人花」「幽霊花」などの不吉な異名を持つ、秋の彼岸頃に真っ赤な花を咲かせ、球根で増える植物です。

　各地に花を咲かせるこの植物は人の手によって植えられたものといわれています。よくお墓の周りで見かけることもあるのではないでしょうか。

葉っぱだけ

花がないと何の植物かわかりにくい

◎ 人の手で拡がっていった可能性が高い

　日本のヒガンバナは球根で増える植物であるため、あまり遠く

へは移動することができません。では、なぜお墓の周りに植えられたのでしょうか？

ヒガンバナは球根にも毒があるのですが、**お墓の周りに植えることで、土葬した遺体をネズミやモグラから守ったのではないか**とされています。

また、ヒガンバナは中国原産ですが、もともとは縄文時代に食料として入ってきたのではないかといわれています。これは、ヒガンバナの有毒成分であるリコリンは水に溶ける性質を持っているので、球根を水にさらし毒抜きをすることで食料にすることが可能であったからです。飢饉や災害時など、もしもの際のためにも植えられていたのではないかともいわれています。

◎**山菜と間違えないように**

ヒガンバナは、全草が有毒です。花のあとの葉だけの時期は山菜のノビルと似ているため、間違えて食べてしまわないように注意が必要です。

また、同じヒガンバナ科である**スイセンも葉をニラと間違えることによる中毒事故が発生しています。**

誤飲・誤食に気がついた場合は、すぐさま吐き出し、病院で医師の診断を受けましょう。

51 孤高の樹木『イチョウ』

◇ 分　類：イチョウ科イチョウ属
◇ 分　布：日本全国（中国原産）
◇ 大きさ：高木
◇ 症　状：嘔吐・けいれん（中毒）／かぶれ（外種皮接触）

イチョウは日本中で見られる樹木ですが、それは公園樹や街路樹として人の手によって植えられたものです。しかし、イチョウは孤独な樹木で、イチョウのほかに同じ仲間の樹木はいません。

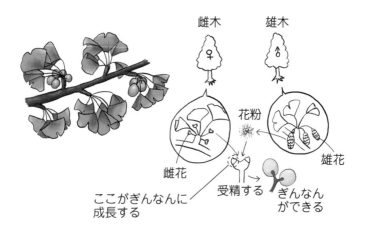

◎ 古くから身近に存在してきた植物

イチョウは恐竜たちの時代から繁栄し、およそ2億年もの間ほとんど姿を変えずに生きてきた「生きた化石」とも呼ばれる樹木

です。しかしながら、人の出現期である大氷河時代にはほとんど絶滅寸前だったといいます。

そんなイチョウは人の手によって世界に広まったのです。

イチョウは長寿であるために仏教などの象徴的な存在であった点などから、中国・韓国・日本では仏教寺院や神社の境内などに植えられてきました。

ほかにも、ぎんなんが食料になる点、油を採ることができた点、寒さ・暑さ・大気汚染・剪定などに強い点から、日本だけでなく世界中に広まった樹木なのです。

イチョウの葉は古くから薬としても利用されてきました。中国では、千年以上前には薬用利用がはじまっていたともいわれています。

◎ イチョウには精子がある

また、イチョウは研究対象としても重要な樹木でした。基本的に種子をつくる植物は受粉後、花粉管を使って精細胞を卵細胞へ届けます。しかし、**イチョウは「精子」が泳いで卵と受精します。**

これは、1896年に植物学者、平瀬作五郎が世界ではじめて発見・観察しました。

平瀬作五郎

種子の中で
べん毛を持った
精子が泳いで
卵にたどり着く

当時、シダやコケが精子を泳がせることは知られていましたが、種子植物でははじめてのことで植物学界が震撼したといいます。このことが、シダの仲間と種子植物の進化の過程を垣間見るヒントになったのです。

　平瀬作五郎が職員をしていた小石川植物園（東京都文京区）へ行くと、「精子発見のイチョウ」を見ることができます。

　ちなみにイチョウのほかに、九州南部や南西諸島などに自生しているソテツも同様に精子を使った生殖手段をとっています。

◎ぎんなんの食べ過ぎに注意

　人とのつながりが深いイチョウですが、2つの危険をはらんだ危険植物でもあります。

　1つ目は「かぶれ」。秋になると落ちる種子の臭い部分である外種皮に触れると、ウルシ科の植物と同様に**アレルギー性の皮膚炎を引き起こす可能性**があります。

　1927年には、外種皮から分離したイチョウ酸、ギンコール、ビロボールの3種類のアレルギー性物質が、ウルシのアレルギー反応を引き起こす成分と化学的に似ていることが発見されました。

　2つ目は「中毒」。種子の仁である**食用部（ぎんなん）は、食べすぎると嘔吐やけいれんを引き起こす可能性**があります。特に子どもは死亡事例もあるため、一層の注意が必要です。

　外種皮に触れた場合は、患部を水でよく洗い流し、抗ヒスタミン軟膏を塗るといいでしょう。ぎんなんの過食による中毒症状が現れた場合は、すぐに病院を受診してください。

第 9 章 食べたり触ったりすると危険な植物

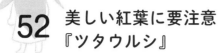

52 美しい紅葉に要注意
『ツタウルシ』

◇ 分　類：ウルシ科ウルシ属
◇ 分　布：北海道 本州 四国 九州
◇ 大きさ：高木にも登るつる性木本
◇ 症　状：発疹・腫れ・かゆみ・水疱などの炎症

　かぶれ植物の代表、ウルシ。しかしながら、「ウルシ」という和名の樹木が日本で見られるのは稀です。ウルシは中国やインドが原産で、漆採取のために栽培されていますが、野生化したものが見られるのは栽培地の周辺のみです。

◎アレルギーによるかぶれに注意

　私たちが森を歩く際に気をつけたいウルシ科の植物は、「ツタウルシ」「ヤマウルシ」「ハゼノキ」「ヤマハゼ」「ヌルデ」などの日本に自生している種です。

　どの種も乳白色の樹液に触れるとアレルギー性の皮膚炎を引き起こす可能性があります。**ウルシ科植物によるかぶれは、成分そのものの毒性ではなく、アレルギー反応**であるため、かぶれない人もいます。

　また、症状は樹液に触れてから1〜2日ほど経ってから現れることもあります。マンゴーもウルシ科の植物ですが、マンゴーを食べて口がかゆくなったりする人は、ウルシにもかぶれやすい可能性があるので一層の注意が必要です。

ツタウルシを含むウルシ科の植物は、秋の紅葉が非常に鮮やかで美しく、日本の山に彩りを添えてくれます。その美しさに惹かれ、写真を撮るために知らずに近づいてしまうとあとが大変。誤って樹液に触れ、かぶれてしまうことがあるため、素肌を見せない服装で山や森に入ることも予防策のひとつです。

◎「ツタウルシ」と「ヤマウルシ」

　服装での予防のほか、葉を見分けられるようになることで直接的な接触を予防することにもつながります。そこで、日本の山で出遭いやすい「ツタウルシ」と「ヤマウルシ」について見分けのポイントをご紹介します。

　日本のウルシ科植物の中でも、最もかぶれやすいといわれているのが「ツタウルシ」です。ツタウルシは、3枚の葉がセットになって出る「三出複葉」で、ほかの樹木の幹に巻きつく、つる性の樹木です。森に入った際に、つる性植物で3枚の葉がまとまって出ているものを見かけたときは、ツタウルシを疑うといいでしょう。

ツタウルシは、過敏な人は「近くを通っただけでもかぶれる」といわれることもあります。

　また、同じウルシ科の「ヤマウルシ」は、日当たりのいい場所を好む樹木であるため、ハイキングコースや登山道の脇で出遭いやすい植物です。小さな葉が鳥の羽のように並ぶ「羽状複葉」という形の葉を持ち、小葉の中心を通る葉軸が赤くなること、ヤシ

の木のように放射状に葉がつくことが見分けるポイントになります。

　ツタウルシ、ヤマウルシはどちらも葉の縁に鋸歯と呼ばれるギザギザはありませんが、若い木や枝から出た葉の縁には鋸歯が出ることがあります。幼木と成木、どちらの姿も見分けられるようになるとよりいいでしょう。

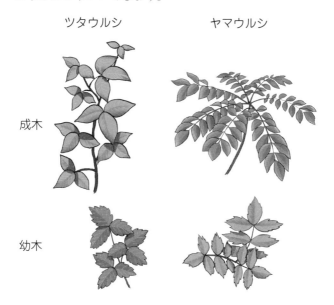

　ウルシ科の植物はかぶれ以上に、人にとって有用である性質も持ち合わせています。それは、「漆塗り」で使用される樹液です。

　この樹液は、はじめは乳白色ですが、酸素に触れると「ラッカーゼ」という酵素の働きにより酸化重合して黒く固まります。こうして天然のプラスチックとも呼ばれる頑丈な薄い膜が形成されます。

漆器に使われるだけでなく、国宝や重要文化財建造物の保存や修復に欠かせない素材でもあります。樹種によって異なりますが、樹液に含まれる「ウルシオール」や「ラッコール」が空気に触れ、「ラッカーゼ」の働きによって硬化する仕組みが、かぶれの原因にもなっているのです。

　もし樹液に触れてしまった場合は、次のような応急処置をすることが望ましいとされています（2004年 米国皮膚学会の発表）。

　　1. 石けんとぬるま湯で洗浄
　　2. ぬるめのシャワーを浴びる
　　3. 冷やす

　樹液が付着した際は、オリーブ油や食用油で拭き取り、そのあと石けんで洗い流すことも効果的だとされています。患部を拭く際、アルコールはウルシオールを皮膚に浸透しやすくするとされているため、**アルコールの含まれたもので拭くことは避けましょう。**また、樹液が付着したと思われる衣服などは洗うことで二次被害を防ぐことが期待できます。症状がひどい場合は、病院を受診しましょう。

第9章 食べたり触ったりすると危険な植物

53 世界最強の有毒植物『トリカブト』

◇ 分　類：キンポウゲ科トリカブト属
◇ 分　布：北海道 本州 四国 九州
◇ 大きさ：80cm〜150cm 程度
◇ 症　状：口や舌のしびれ・嘔吐・けいれん・不整脈など

　全草に毒を持ち、世界でも「毒草」として有名なトリカブト。葉は手のひらのように裂けた形をしており、濃い紫や白の烏帽子のような花をつけることが特徴の植物です。

花のあとに実ができ熟すと種が出てくる

黒っぽい種

◎ 古代から暗殺に使用されてきた

　日本には、ヤマトリカブトやハナトリカブトなど約30種のトリカブト類があるといわれており、アイヌの人たちはこの毒を矢毒として用い、狩猟をしていたとされています。
　古代ローマ時代には、皇帝の世継ぎ争いのための暗殺に使用され、「継母（ままはは）の毒」とも呼ばれていたといいます。

195

ほかにもトリカブトの毒には、さまざまなエピソードが隠れています。

　ギリシャ神話では、トリカブトは地獄の番犬ケルベロスの復讐心に満ちたよだれから生まれたとされています。そのためか、トリカブトの花言葉のひとつに「復讐」があります。

　また、日本の物語では「四谷怪談」に登場するお岩さんが夫から飲まされた毒がトリカブトであったといわれています。

◎トリカブトの見分け方

トリカブトは山菜である「ニリンソウ」と間違えて採取され、誤食してしまう事故が多く報告されています。

　間違って採取してしまう理由は、これら2種の葉がよく似ており、ニリンソウの群生地にトリカブトが混生していることもあるためです。

　トリカブトとニリンソウの見分けのポイントは花、茎、根の3つ。

　トリカブトは、夏から秋に烏帽子のような花を咲かせるのに対し、ニリンソウは春先に白い花をつけます。山菜シーズンのニリンソウには白い花やそのつぼみがついているため、トリカブトと見分けるひとつのポイントになります。

　茎を見てみると、ニリンソウは根本から茎が1本1本伸びますが、トリカブトは途中で枝分かれしながら伸びていきます。成長するにつれて、トリカブトの草丈はニリンソウよりも伸びることも特徴のひとつです。

　さらに、根茎を掘り起こしてみると、ニリンソウは横に這うよ

うな形をしていますが、トリカブトは紡錘形の主根に細い側根が出ています。

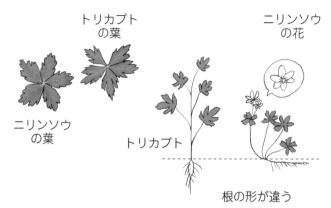

◎**トリカブト毒にあたるとブスになる**

世界最強の有毒植物として知られるトリカブトですが、その根は漢方薬としても利用されています。カラスの頭のような形をした太い根は「烏頭」、そこから生える細い根は「附子」という漢方薬に用いられています。

また、「ブス」という言葉はこの「附子」からきているとされる説があります。これは**トリカブトの中毒症状として生じる口のしびれや麻痺から、無表情な女性のことを「まるで附子の毒にあたったようだ」といったことからきているとされています。**

誤飲・誤食に気がついた場合はすぐさま吐き出し、病院で医師の診断を受けましょう。

54 蕁麻疹にイライラ『イラクサ』

◇ 分　類：イラクサ科イラクサ属
◇ 分　布：本州 四国 九州
◇ 大きさ：40cm 〜 80cm 程度
◇ 症　状：痛み、腫れなど

イラクサはシソに似た葉を持ち、同じ仲間の「カラムシ（苧麻）」とともに、古くから繊維が衣服などに使われていた有用植物です。この2種はとてもよく似た形をしていますが、イラクサにはトゲがあることが大きな違いです。イラクサの漢字には、その様子がはっきりと反映され、「棘草」と書きます。

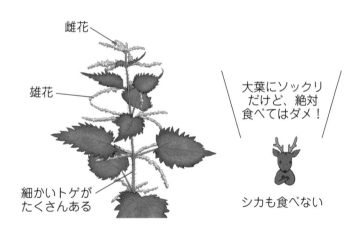

◎ 小さい毒針に要注意

サンショウやバラなど、トゲをつくり動物に食べられないよう

に防衛する植物は数多く存在しますが、その中でもイラクサは別格の防御能力を持ちます。イラクサのトゲはただのトゲではありません。**茎や葉にあるトゲはぱっと見てあることに気がつかないほど小さい（約1〜2mm）上に、毒を持っている**のです。

このトゲの根本には毒を入れた小さな袋があり、トゲが皮膚に刺さることで注射をするように毒を注入し、それによって皮膚は赤く腫れあがります。

イラクサは山の谷筋などの適度に湿り気のある場所を好む植物です。トゲがとても小さいために、ハイキングや登山中に気がつかず触れてしまうことがあります。山を歩く際には素肌を見せない服装をすることが一番の予防策になるでしょう。

さらに、人のほかにシカなどの野生動物もイラクサを嫌い、好んで食べることは少ないです。過去の研究によるとシカで有名な奈良公園のイラクサは、ほかの地域に比べ多くのトゲを持ちます。これは、シカがトゲの少ないイラクサを食べることに対抗し、よりトゲを多くつけるように適応したのではないかといわれています。イラクサの高度な防衛作戦は自然界で大成功をおさめているのです。

そんな高い防衛能力を持つイラクサに勝つことができた生き物がいます。それは、「アカタテハ」というチョウの一種です。ほかの動物が寄りつかないからか、アカタテハの幼虫はイラクサ科の植物を食草としています。小さなチョウの幼虫が、まるでハチ

の針のようなトゲを持つ植物を食べているとは驚きの光景です。

◎ **蕁麻疹の語源となった**
　また、イラクサは「蕁麻」と書かれることもあります。これは、イラクサに刺されたときの症状に由来しており、ここから「蕁麻疹」という言葉ができたとされています。さらには、**「イライラ」という言葉もイラクサから生まれたともいわれています。**繊維として利用しながらも、人は昔からイラクサに困らされていたのですね。

　トゲが刺さってしまった場合は、こすらずに粘着テープでそっと取りましょう。そのあと、よく患部を水で洗い、抗ヒスタミン軟膏を塗り、患部を冷やすことで痛みやかゆみを軽減することが期待できます。症状がひどい場合は、病院を受診しましょう。

おわりに

　私はこれまで、日本に生息するたくさんの危険生物たちと触れ合い、彼らの生きる環境や、生態を学んできました。いや、むしろ"現在進行形"で、もっともっと彼らのことを知りたくて学んでいます。

　人のあまり立ち入らぬような環境で、誰にも知られることなくたくましく生きる姿もあれば、人がいる環境の中で、限られた資源を活かして懸命に生きる姿もあります。見れば見るほど、彼らの暮らしにもドラマがあり、私たち人間が、いかに人間の価値観で彼らを見ているのかを、つくづく感じます。

　また、知れば知るほど、学べば学ぶほど謎が深まり、わからないことは増える一方……。

　……もう泥沼です。

　学問ってそういうものかもしれませんけど、それが楽しいのです。気がついたら、手元には、そんな学びの中で得てきた危険生物の標本が、部屋いっぱいにあふれていました。

　そんな大量の危険生物の標本は、今、私たちが各地で実施する「危険生物対策講座」で日本中を駆け巡る大切なパートナーです。
　たくさんの実物を実際に見ながら学んでいただくと、まさに

"百聞は一見に如かず"。彼らのことを、少しでも多く皆さんに知っていただきたいという思いで、日々、そんな仕事に取り組んでいます。

　野外で活動していれば、「これをすれば絶対に大丈夫」という、100%事故を回避できる危険生物対策なんて存在しません。でも、対策をひとつでも多く知ることで、1件でも多くの事故を予防することができるはずです。
　彼らのことを深く知れば知るほど、「こんな場合はこうしたほうがいいかも」というアレンジも効くようになります。

　本書では、広く浅くお話をする限りですから、まだまだお伝えしたい情報はたくさんあります。でも、彼らの基礎的な情報として、この本の内容が皆さんにとって、危険生物を知る一端になれれば幸いです。
　どこかで彼らに出遭ったとき、「あ、あの本で紹介されてたあいつだ！」と思っていただければ、それだけで、ひとつリスクが減った結果だと思います。

　危険生物の深い世界、いかがでしたか？
　本書を最後までお読みいただき、ありがとうございました。

西海 太介

【参考文献】

- 味戸忠春, 安斉秀行, 森川寿三ら. 2001. 羊における馬酔木中毒例. 家畜臨床誌 24(1):19-22
- クリス・マティソン（監訳：千石正一）. 2006. ヘビの大図鑑. 緑書房
- 海老澤元宏ほか. (2006). アナフィラキシーショックとエピペン. 呼吸 25(8). 780-784
- 船山信次. 2018. 史上最強カラー図解 毒の科学 毒と人間のかかわり. ナツメ社
- 五箇公一. 2017. 終わりなき侵略者との闘い 増え続ける外来生物. 小学館
- 羽根田治. 2014. 新装版 野外毒本 被害実例から知る日本の危険生物. 山と渓谷社
- 服部正策. 2002. ハブ - その現状と課題 -. 南太平洋海域調査研究報告 36：15-21
- 早川博文. 2010. アブの生態とその防除法. 動薬研究 1990, №. 43：1-10. バイエルジャパン株式会社
- 原田晋. 2007. アナフィラキシーへの対応. J Envion Dermatol Cutan Allergol(2),90-95
- 林将之. 2016. 山渓ハンディ図鑑 14 樹木の葉 実物スキャンで見分ける 1100 種類. 山と渓谷社
- 日高敏隆 監修. 2005. 日本動物大百科（全 11 巻）第 5 巻 両生類・爬虫類・軟骨魚類. 平凡社
- 東正剛, 緒方一夫, S.D. ポーター. 2008. ヒアリの生物学 - 行動生態と分子基盤 -. 海游舎
- 広瀬茂男. 2010. ヘビ型ロボットの移動機構. 日本ロボット学会誌 28(2)：151-155
- 本間学, 阿部良治, 小此木丘, 佐藤信, 小菅隆夫, 三島章義. 1965. ハブ毒とエラブウミヘビ毒の研究 - 両蛇毒の生物的毒性の概要ならびにタンニン酸の毒性阻止効果について -. 日本細菌学雑誌 20(6):281-289
- 本間学, 小菅隆夫, 阿部良治. 1968. マムシ毒の研究.1. 生物学的毒性について. 日本熱帯医学雑誌 8(2):70-73
- 池庄司敏明. 2015. 蚊. 東京大学出版社
- 石井秀輝, 下村政嗣 監修. 2011. 自然に学ぶ！ネイチャー・テクノロジー：暮らしをかえる新素材・新技術. 学研パブリッシング
- 石井正和ほか. 2008. アナフィラキシーショック時のアドレナリン自己注射と環境整備の必要性. 日本医事新報 4380,75-77
- 稲垣栄洋. 2017. 面白くて眠れなくなる植物学. PHP 研究所
- 稲垣栄洋. 2017. 怖くて眠れなくなる植物学. PHP 研究所
- J. W. Burnett. (訳：大森信, 藤田和彦). 2001. クラゲ刺傷によって引き起こされる症候群とその処置方法. みどりいし, (12)：1-5, (2001)
- 柏木 慎也, 齋藤 智尋. 2007. 減張切開により患指を救済したマムシ咬傷の 1 例. 日本臨床外科学会雑誌 2007 68(7):1858-1861
- 加藤禎孝, 石田清, 佐藤宏明. 2005. イラクサの葉の外部形質の地域変異に及ぼすシカの採食の影響. 日本生態学会大会講演要旨集 第 52 回日本生態学回大会 大阪大会:717-717
- 片山栄助. 2007. マルハナバチ - 愛嬌者の知られざる生態. 北海道大学出版部
- 片山栄助. 2008. マルハナバチ類の外部捕食寄生者ミカドアリバチ Mutilla Mikado Cameron の産卵習性. 昆蟲（ニューシリーズ）,11(2)：57-68. 日本昆虫学会
- 川名瑞希. 2018. 彼岸花にみる生活世界：命名と名称分布から. 常民文化：11-25

- 貴谷光,高田一郎,横田聡ほか.1994.重症ブユアレルギーの1症例.岡大三朝分院研究報告 65:17-21.岡山大学医学部附属病院三朝分院
- 松香光夫.2000.昆虫の生物学.玉川大学出版部
- 松立吉弘,浦野芳夫.2010.当科で経験したマムシ咬傷の臨床的検討.徳島赤十字病院医学雑誌15(1):13-17
- 松浦誠.1971.日本産スズメバチ属（VESPA）ハチ類の営巣場所.日本昆虫学会 昆蟲1971, 39(1):43-54
- 松浦誠.1991.スズメバチはなぜ刺すか.北海道大学出版会
- 松浦誠,大滝倫子,佐々木真爾 他.2005.ハチ刺されの予防と治療.林業・木材製造業労働災害防止協会
- 光畑雅宏.2018.マルハナバチを使いこなす より元気に長く働いてもらうコツ.農山漁村文化協会
- 森谷清樹.1986.日本の有毒節足動物.化学と生物24(9):618-624.日本農芸化学会
- 中村雅雄.2012.スズメバチ 都会進出と生き残り戦略【増補改訂新版】.八坂書房
- 夏秋優.2016.Dr.夏秋の臨床図鑑 虫と皮膚炎 皮膚炎をおこす虫とその生態/臨床像・治療・対策.学研メディカル秀潤社
- ㈶日本自然保護協会 編集・監修.1997.フィールドガイドシリーズ② 野外における危険な生物.平凡社
- ㈶日本自然保護協会 編集・監修.2009.フィールドガイドシリーズ③ 指標生物 自然を見るものさし.平凡社
- ㈶日本自然保護協会 編集・監修.2012.自然観察ハンドブック.平凡社
- 野崎真敏,山川城延,他間善次.1978.沖縄ハブ抗毒素の有効性の検討(VIII) 沖縄本島産ハブ毒と奄美大島産ハブ毒の中和実験第2報.P.3-11.沖縄ハブ抗毒素製造研究報告書〔III〕.沖縄県公害衛生研究所
- 野崎真敏.1993.ELISAによる牙跡出血からのハブ毒の検出.沖縄県公害衛生研究所報27:59-63
- 能登重光,高濱英人,芹川宏二,武藤敦彦.1999.カバキコマチグモによる刺咬症の1例と最近20年間のクモ刺咬症の傾向.皮膚41(4) 1999年8月:450-453
- 小川原辰雄.2019.人を襲うハチ.山と渓谷社
- 小野正人.1997.スズメバチの科学.海游舎
- 大谷勉.2010.日本の爬虫類両生類飼育図鑑.誠文堂新光社
- 大林正和,海野仁,松井智文 ほか.2016.カバキコマチグモ咬症による広範な症状に対して局所温熱療法が有効であった1例.中毒研究29:363-364
- ピーター・クレイン（訳:矢野真千子）.2015.イチョウ 奇跡の2億年史 生き残った最古の樹木の物語.河出書房新社
- 貞方里奈子ほか.2008.アナフィラキシー.薬事50(13),2087-2091
- 斉藤洋三.2004.ハチ刺されによるアナフィラキシーの緊急第一選択薬エピネフリンの自己注射製剤エピペンの紹介.日本花粉学会会誌50(2),118
- 佐竹元吉.2012.フィールドベスト図鑑16 日本の有毒植物.学研教育出版
- 境淳,森口一,鳥羽通久.2002.フィールドワーカーのための毒ヘビ咬傷ガイド.爬虫両棲類学会報2002(2):75-92
- SCOTT A.WEINSTEIN, RICHARD C. DART, ALAN STAPLES, JULIAN WHITE. 2009.

Envenomations: An Overview of Clinical Toxinology for the Primary Care Physician. American Family Physician 80(8)：793-802
・関慎太郎. 2016. 野外観察のための日本産 爬虫類図鑑. 緑書房
・重田匡利, 久我貴之, 工藤淳一, 山下昇正, 藤井康宏. 2007. マムシ咬傷35例の検討. 日農医師 56(2)：61-67
・柴田規夫. 2019. 植物なんでも事典 ぜんぶわかる！植物の形態・分類・生理・生態・環境・文化. 文一総合出版
・柴田泰利, 丸山宗利, 保科英人ほか. 2013. 日本産ハネカクシ科総目録（昆虫綱：甲虫目）. Reprinted from Bulletin of the Kyushu University Museum 11：69-218, March 2013
・深海浩. 1992. 生物間相互認識に関する化学生態的研究. 日本農芸化学会誌 66(2):119-125
・森林総合研究所. 2015. 森林レクリエーションでのスズメバチ刺傷事故を防ぐために. 第一中期計画成果 5(第5版)
・鈴木勉. 2015.【大人のための図鑑】毒と薬. 新星出版社
・高見澤今朝雄. 2005. 日本の真社会性ハチ. 信濃毎日新聞社
・竹内尚徳. 2000. 冬季におけるアカタテハ幼虫の観察. やどりが187号:45-55
・瀧健治, 岩村高志, 大串和久 ほか. 2006. マムシ咬傷の治療法の変遷. 新薬と治療 55: 177-92
・瀧健治, 有吉孝一, 堺淳, 石川浩史, 中嶋一寿, 遠藤容子. 2014. 全国調査によるマムシ咬傷の検討. 日臨救医誌 2014, 17:753-760
・竹田美文. 2015. 明治・大正・昭和の細菌学者達8 野口英世 - その1. モダンメディア 61(2)：21-25
・田辺力. 2003. 多足類読本. 東海大学出版社
・田中真知. 2009. 知りたいサイエンス！へんな毒 すごい毒 －こっそり打ち明ける毒学入門－. 技術評論社
・田仲義弘. 2012. 狩蜂生態図鑑 〜ハンティング行動を写真で解く〜. 全国農村教育協会
・Theodore M. Freeman, M.D.2004. Hypersensitivity to Hymenoptera Stings. N Engl J Med 351:1978-84
・角田公次. 2013. ◆新特産シリーズ◆ ミツバチ - 飼育・生産の実際と蜜源植物 -. 農村漁村文化協会
・Tu., A. T. 1977. Venoms of Crotalidae. p.211-233. In : Venoms : Chemistry and Molecular Biology. John Wiley, New York
・米田一彦. 2017. 熊が人を襲うとき. つり人社
・吉田忠晴. 2008. ニホンミツバチの飼育法と生態. 玉川大学出版部
・渡辺一夫. 2010. アセビは羊を中毒死させる 樹木の個性と生き残り戦略. 築地書館
・Wen Wu. Antonio M. Moreno. Jason M. Tangen. Judith Reinhard. 2013. Honeybees can discriminate between Monet and Picasso paintings. Journal of Comparative Physiology A 199(1)：45-55

American Academy of Dermatology　Treating poison ivy:Ease the itch with tips from dermatologists
https://www.aad.org/media/news-releases/treating-poison-ivy-ease-the-itch-with-tips-from-dermatologists

広島市　市の木（クスノキ）・市の花（キョウチクトウ）
http://www.city.hiroshima.lg.jp/www/contents/1112000428867/index.html
環境文化創造研究所内 ヤマビル研究会
http://www.tele.co.jp/ui/leech/index.html
厚生労働省　人口動態調査
http://www.mhlw.go.jp/toukei/list/81-1.html
国立環境研究所　侵入生物データベース
https://www.nies.go.jp/biodiversity/invasive/
国立感染症研究所　重症熱性血小板減少症候群（SFTS）
https://www.niid.go.jp/niid/ja/sfts/3143-sfts.html
国立感染症研究所　ライム病とは
https://www.niid.go.jp/niid/ja/kansennohanashi/524-lyme.html
国立感染症研究所　ダニ媒介性脳炎とは
https://www.niid.go.jp/niid/ja/kansennohanashi/434-tick-encephalitis-intro.html
日本分類学会連合　日本産生物種数調査
http://www.ujssb.org/biospnum/search.php
日本爬虫両棲類学会　日本産爬虫両棲類標準和名
http://zoo.zool.kyoto-u.ac.jp/herp/wamei.html
日本ライフセービング協会　知ってほしい Water Safety クラゲにさされたら
https://jla-lifesaving.or.jp/watersafety/jellyfish/?fbclid=IwAR0EeGa7lmYLkQO6oYC19f0lv1wPAnnW7So3Vx-f7LNXTbpMDniwSTMJV18
東京医科大学八王子医療センター救命救急センター
http://qq8oji.tokyo-med.ac.jp/pg-report/821
U.S. National Library of Medicine TOXNET
https://toxnet.nlm.nih.gov/
WWF ジャパン　日本に生息する２種のクマ、ツキノワグマとヒグマについて
https://www.wwf.or.jp/activities/basicinfo/2407.html

「第9章 食べたり触ったりすると危険な植物」執筆者

白濱 真友（しらはま まゆ）

一般社団法人 セルズ環境教育デザイン研究所　理事　副所長

『危険植物のリスクマネジメント』や、樹木の利用や役割を学ぶ『森林資源学』を専門とする生物学習指導者。林業や樹木の生態、形態学的アプローチから学問的に樹木を学ぶ教育プログラムを担当するほか、危険植物対策をはじめとする指導者養成や、書籍・メディア監修などに携わる。

一般社団法人
セルズ環境教育デザイン研究所
- CELLS Laboratory of Environmental Education Design -

　野外活動・フィールドワークにかかわる指導者養成や、児童向けのアカデミックな生き物教室などを受託・提携開講する生物学習指導の専門所。
『危険生物対策講座』や、小中学生向けの『生き物研究コース』など、生物学に基づいた自然科学の講座・指導を行うほか、メディア出演・監修・撮影協力などを通して、生物学の一般普及を行っている。

　　　　　セルズ　環境教育　　検索

■著者略歴
西海　太介（にしうみ・だいすけ）

一般社団法人セルズ環境教育デザイン研究所　代表理事　所長
『危険生物対策』や『アカデミックな自然教育』を専門とする生物学習指導者。

1986年神奈川県横浜市生まれ。昆虫学を玉川大学農学部で学んだ後、高尾ビジターセンターや横須賀2公園での自然解説員を経て、2015年「セルズ環境教育デザイン研究所」を創業。
現在、危険生物のリスクマネジメントをはじめとした指導者養成、小中学生向けの「生物学研究コース」などの専門講座を開講するほか、メディア出演や執筆・監修、中華人民共和国内の自然学校の指導者養成を行うなど幅広く携わる。
監修書籍に『すごく危険な毒せいぶつ図鑑』（世界文化社）、著書に『子どもに教えたい　ハチ・ヘビ危険回避マニュアル〜刺される咬まれるには理由がある〜』（ごきげんビジネス出版）がある。

本書の内容に関するお問い合わせ
明日香出版社　編集部
☎(03)5395-7651

図解　身近にあふれる「危険な生物」が3時間でわかる本

2019年　7月20日　初版発行

著　者　　西海　太介
発行者　　石野　栄一

明日香出版社

〒112-0005 東京都文京区水道2-11-5
電話 (03) 5395-7650 (代　表)
　　 (03) 5395-7654 (FAX)
郵便振替 00150-6-183481
http://www.asuka-g.co.jp

■スタッフ■　編集　小林勝／久松圭祐／古川創一／藤田知子／田中裕也
　　　　　　　営業　渡辺久夫／浜田充弘／奥本達哉／横尾一樹／関山美保子／
　　　　　　　　　　藤本さやか／南あずさ　財務　早川朋子

印刷　株式会社文昇堂
製本　根本製本株式会社
ISBN 978-4-7569-2037-9 C0040

本書のコピー、スキャン、デジタル化等の無断複製は著作権法上で禁じられています。
乱丁本・落丁本はお取り替え致します。
©Daisuke Nishiumi 2019 Printed in Japan
編集担当　久松圭祐

図解 身近にあふれる「生き物」が3時間でわかる本

ISBN978-4-7569-1959-5 左巻 健男 編著

B6並製　200ページ　定価本体1400円+税

身近な「生きもの」を約80取り上げ、図やイラストを交えながら解説します。学校のお勉強的な解説ではなく、「どう身近なのか」「ヒトとの関係性」を軸にして、「へ〜そうなんだ」という面白さを出せるようにまとめます。

暮らしに役立つ生き物の知識が、毎日の生活に彩りを与えてくれる、そんな1冊です！

図解 身近にあふれる「微生物」が3時間でわかる本

ISBN978-4-7569-2011-9　　　　　　　　左巻　健男 編著

B6並製　224ページ　定価本体1400円+税

かずかずの身近にあふれる菌やウイルスなどの微生物をとりあげ、人との関係や、人にどのような影響を及ぼしているのか、紹介する。
人にいい影響・悪い影響をおよぼすもの、食べもの、病気、健康などに関連したたくさんの「微生物」を、親しみやすい文章とイラストで説明します。

図解　身近にあふれる「科学」が3時間でわかる本

ISBN978-4-7569-1914-4　　　　　　　　　　　　　左巻　健男 編著

B6並製　216ページ　定価本体1400円+税

私たちの身の回りは、科学技術や科学の恩恵を受けた製品にあふれています。たとえば、液晶テレビ、LED電球、エアコン、ロボット掃除機、羽根のない扇風機などなど。ふだん気にもしないで使っているアレもコレも、考えてみればどんなしくみで動いているのか、気になりませんか？

そんなしくみを科学でひも解きながら、やさしく解説します。

図解　もっと身近にあふれる「科学」が 3 時間でわかる本

ISBN978-4-7569-1991-5　　　　　　　　　　左巻　健男 編著

B6 並製　232 ページ　定価本体 1500 円＋税

昨年ヒット作になった『図解　身近にあふれる「科学」が 3 時間でわかる本』の続編的第 2 弾。まだまだたくさんある「身近にあふれる科学」の面白さを、どうしても紹介したくて誕生しました。内容はもちろん重複しないうえ、さらにパワーアップ！　「食品」や「健康」関連のトピックをはじめ、AI やロケットなども網羅し、より身近な関心事を刺激する内容になりました。

図解　身近にあふれる 「心理学」が3時間でわかる本

ISBN978-4-7569-1975-5　　　　　　　　　　　　　　内藤　誼人 著

B6並製　208ページ　定価本体1400円+税

職場や街中、買い物や人づきあいなど、私たちの何げない日常には「心理学」で説明できることがたくさんあります。そうした「身近にあふれる心理学」を、ベストセラー著者である内藤誼人さんがひも解きます。

本書では、約60の身近な事例を取り上げ、図やイラストを交えながら説明します。楽しみながら心理学を学べる、雑学教養書です。

図解　身近にあふれる
「男と女の心理学」が3時間でわかる本

ISBN978-4-7569-2007-2　　　　　　　　　　　　内藤　誼人 著

B6 並製　248 ページ　定価本体 1400 円＋税

「心理」といえば人間関係、「人間関係」といえば男女間のすれ違いや誤解や衝突…が一番の関心事。そんな「男女の人間関係」にまつわる心理学を身近な事例を引き合いにまとめました。心理学の学術論文に裏付けされた内容をわかりやすいタッチでひも解きます。

小学6年分の理科が面白いほど解ける65のルール

ISBN978-4-7569-1851-2　　　　　　　　　　　倉橋　修 著

B6並製　216ページ　定価本体1300円+税

小学6年分（＋中学受験レベル）の理科の基本を楽しく・わかりやすく解説。実験や身の回りの例で「わかり」、解法のポイントを教えることで「解け」ることでより理科が好きになり、楽しんで解くことができるようになる1冊。

大人でも楽しめます。